黄河流域饮用水水源地安全保障达标建设理论与实践

杨玉霞　张军锋　徐晓琳　著

黄河水利出版社
·郑州·

图书在版编目(CIP)数据

黄河流域饮用水水源地安全保障达标建设理论与实践/杨玉霞,张军锋,徐晓琳著. —郑州:黄河水利出版社,2017.12

ISBN 978 - 7 - 5509 - 1925 - 9

Ⅰ.①黄…　Ⅱ.①杨…②张…③徐…　Ⅲ.①黄河流域 - 饮用水 - 供水水源 - 安全管理 - 研究　Ⅳ.①TU991.11

中国版本图书馆 CIP 数据核字(2017)第 319341 号

组稿编辑:王志宽　电话:0371 - 66024331　E-mail:wangzhikuan83@126.com

出 版 社:黄河水利出版社
　　　　　地址:河南省郑州市顺河路黄委会综合楼14层　邮政编码:450003
发行单位:黄河水利出版社
　　　　　发行部电话:0371 - 66026940、66020550、66028024、66022620(传真)
　　　　　E-mail:hhslcbs@126.com
承印单位:虎彩印艺股份有限公司
开本:890 mm × 1 240 mm　1/32
印张:6.625
字数:190 千字　　　　　　　　　印数:1—1 000
版次:2017 年 12 月第 1 版　　　　印次:2017 年 12 月第 1 次印刷

定价:25.00 元

前　言

　　水是生存之本、文明之源、生态之基。饮用水安全关系到人民群众生命健康、社会和谐稳定和经济可持续发展,历来是党和国家关注的一项重要民生水利问题。党中央、国务院高度重视饮用水安全问题,《中共中央 国务院关于加快水利改革发展的决定》(中发〔2011〕1号)明确提出"到2020年,城乡供水保证率显著提高,城乡居民饮水安全得到全面保障";《国务院关于实行最严格水资源管理制度的意见》(国发〔2012〕3号)中专门将加强饮用水水源保护作为加强水功能区限制纳污红线管理的一项重要内容,强调"各省、自治区、直辖市人民政府要依法划定饮用水水源保护区,开展重要饮用水水源地安全保障达标建设"。2015年4月,国务院正式发布《水污染防治行动计划》(国发〔2015〕17号),明确提出"到2020年,全国水环境质量得到阶段性改善,污染严重水体较大幅度减少,饮用水安全保障水平持续提升"。2017年10月,党的十九大提出"我国社会主要矛盾已经转化为人民日益增长的美好生活需要和不平衡不充分的发展之间的矛盾"。美好生活需要离不开饮水安全。

　　水利部贯彻落实国家有关文件精神,自2006年水利部开始实行全国重要饮用水水源地名录核准公布制度,对列入名录的水源地提出了管理要求和目标,并先后核准公布了三批175个全国重要饮用水水源地名录,印发各省级人民政府实施。2011年6月,水利部印发《关于开展全国重要饮用水水源地安全保障达标建设的通知》(水资源〔2011〕329号),要求对已列入全国重要饮用水水源地名录的175个水源地,开展以"水量保证、水质合格、监控完备、制度健全"为目标的达标建设工作,并于2015年前完成。2012年7月,为进一步做好有关工作,水利部又印发了《关于做好2012年度全国重要饮用水水源地达标建设有关工作的通知》(水资源〔2012〕276号),要求流域管理机构加强流域达标建设工作指导,提交年度检查评估报告,同时要求省级水行政主管部门做好年度达标建设相关工作。2013年初,水利部印发了《关于加快推进水生态文明建设工作的意见》(水资源〔2013〕1号),"进一步完善饮用水水源地核准和安全评估制度"列入其主要工作内容。2014年,陈雷部长在全国水利厅局长会议讲话中明确指出"加强重要饮用水水源地保护,完善重要饮用水水源地核准和安全评估制度,开展水源地安全保障达标建设"。2015年5月,水利部办公厅印发《关于做好全国重要饮用水水源地保护有关工作的通知》(办资源函〔2015〕631号),对水源地达标建设工作进行了再部署,继续推动地方人民政府和有关部门水源地的保护与管理,守好饮水安全的第一道防线。结合国家新形势下对饮用水安全提出的更高要求,2016年《水利部关于印发全国重要饮用水水源地名录(2016年)的通知》(水资源函〔2016〕383号),对饮用水水源地名录进行了核准,共618个饮用水水源地列入重要饮用水水源地名录。在上述背景下,水利部挑选典型饮用水水源地开展达标建设示范工作,并对全国重要饮用水水源地开展年度达标建设评估工作,加强饮用水水源地保护,项目的开展对保障饮用水水源地安全起到了重要作用。

黄河流域承担着西北、华北地区供水任务,在我国水资源战略安全格局中占有十分重要的地位,水源地保护尤为重要。本书是在水利部中央分成水资源费项目"黄河流域典型水源地安全保障达标建设示范"和"黄河流域重要饮用水水源地安全保障达标建设评估"工作的基础上,吸收有关水源地安全保障理论与技术,参考有关资料文献编著而成。

全书分为上下两篇:上篇为饮用水水源地安全保障达标建设理论与方法,概要介绍了水利部下发的《全国重要饮用水水源地安全保障评估指南(试行)》中水源地安全保障达标建设指标体系,结合指标体系阐述了城市饮用水水源地安全保障达标建设调查内容和方法、达标建设主要工程措施及非工程措施体系。下篇为黄河流域重要饮用水水源地安全保障达标建设试点实践与探索,根据筛选原则确定石头河水库水源地、邙山提灌站水源地为典型水源地开展达标建设示范工作,在翔实的现状调查评价基础上,识别水源地存在的主要问题,按照达标建设要求提出措施建议并进行工程措施设计和实施。在此基础上结合水源地安全保障达标建设指标体系对两处饮用水水源地进行评估。同时,对流域开展的重要饮用水水源地安全保障达标建设评估工作取得的成效进行了总结,提出流域水源地达标建设管理机制探索性的建议,为今后流域水源地达标建设工作提供技术支撑。

本书可作为从事水源地保护、管理决策和科学研究人员的工具书,也可作为高等院校相关专业的教学参考用书。

在本书编写过程中,水利部、黄河流域水资源保护局、陕西省水利厅、河南省水利厅、陕西省石头河水库灌溉管理局、河南省节约用水协会、郑州市黄河风景名胜区管委会、水利部中国科学院水工程生态研究所、华北水利水电大学等单位给予了大力支持,张红星、李云成、李祥龙、张军献、彭勃、张建军等同志给予了悉心的指导,王立东、王文平等同志及项目组人员付出了辛勤的劳动,在此表示最诚挚的感谢!

受学识和水平所限,书中不妥之处在所难免,敬请专家和读者批评指正。

作 者

2017 年 9 月

目　录

下篇 黄河流域重要饮用水水源地安全保障达标
建设试点实践与探索

上篇　饮用水水源地安全保障达标建设理论与方法

第1章 城市饮用水水源地安全保障概述

饮用水安全关系到人民群众生命健康与社会和谐稳定,是全面建设小康社会的重要支撑条件,党中央、国务院及水利部高度重视饮用水的安全保障工作。2002 年《中华人民共和国水法》第三十三、三十四条明确规定:国家建立饮用水水源保护区制度,禁止在饮用水水源保护区内设置入河排污口。2011 年中央一号文件《中共中央 国务院关于加快水利改革发展的决定》(中发〔2011〕1 号)明确提出要加强水源地保护,依法划定饮用水水源保护区,强化饮用水水源应急管理,并提出在我国实施最严格水资源管理制度。

1.1 城市饮用水水源地

1.1.1 城市饮用水水源地内涵

城市饮用水水源地指提供城市生活用水及公共服务用水的取水地点,包含一定水域和陆域,具体分为地表水水源地、地下水水源地。地表水水源地指取水水源为江、河、湖、海和水库等地表水体,按照水源类型分为河道型、水库型和湖泊型。地下水水源按埋藏条件分为上层滞水、潜水和承压水,按含水层空隙性质分为孔隙水、裂隙水和岩溶水。

河道型水源地受上游来水水质、水量影响较大,受人为影响较显著,水体交换速度快;湖库型水源地是个相对封闭的系统,便于人为控制,采取水源地保护措施后受人为活动影响相对较小。地下水水源地水量、水质相对稳定,不易受人为干扰,加之地下水文地质的净化作用,水质相对可靠,但受污染后水质恢复时间较长且难度较大。

1.1.2 饮用水水源地特征

(1)饮用水水源地具有自然地理特性。

饮用水水源地应具备一定的水文条件和相应的地理条件。因此,除了小范围分散式饮用水外,集中式饮用水水源地设置时需要进行科学论证。

(2)饮用水水源地具有社会经济性。

水源地水资源量、水质与当地人民的生活质量密切相关,它不仅为人的生存提供基本饮水需求,复合功能区的水源地往往还为城市提供工业生产用水及为农业提供灌溉用水,关系着一个城市的经济发展,"以水定城、以水定地、以水定人、以水定产"反映了水对社会发展的重要性,间接体现了饮用水水源地的重要性。

(3)饮用水水源地管理范围涉及水域与陆域。

饮用水水源地不仅包括江、河、湖、库一定范围的水域,还包括保护区及准保护区内的陆域范围,水源地的取水工程、涵道所在范围以及与水域相连的一定范围内的陆域。陆域包括水域所在的底部、周围以及其他可能影响水域内水体质量的建筑、林木、土地等所在区域。因此,饮用水水源地的管理不仅涉及水域的管理,同时涉及影响该水域的陆域管理。

1.1.3 饮用水水源地分类

按饮用水水源地供水居民的性质,可以分为城市饮用水水源地和农村饮用水水源地。前者指为城市(含县城及县城所在城镇)居民提供用水的一定水域和陆域,主要为集中式饮用水水源地,一般供水人口都在5万人以上,同时,往往兼顾生产用水,部分还包括了灌溉用水。后者指为农村居民提供生活用水的河流(道)、水库、江河、湖泊、渠道(运河)、汇水区等水域及影响该水域内水体质量的陆域。农村饮用水水源地分为集中式饮用水水源地（供水人口在 1 000 人以上的饮用水水源地）和分散式饮用水水源地（用水居民少于 1 000 人的独户或几户联合的饮用水水源地）。

按饮用水水源地属性，可以分为地表水饮用水水源地和地下水饮用水水源地，前者主要从地表水取用饮用水水源，后者主要通过地下水系统来取用饮用水水源。地表水饮用水水源地与地下水饮用水水源地二者取水的方式以及保护和管理工作的手段都有不同要求。

按饮用水水源地供水的方式及供水人员的集中度，可以分为集中式饮用水水源地和分散式饮用水水源地。一般来说，给 1 000 人以上供水的就是集中式饮用水水源地，给 1 000 人以下供水的就是分散式饮用水水源地。目前，城市饮用水水源地全部为集中式饮用水水源地，分散式饮用水水源地全部在农村，特别是一些偏远地区。

按饮用水水源地所在水文的条件不同，还可以分为湖泊饮用水水源地、水库饮用水水源地、河流（道）饮用水水源地和地下水饮用水水源地。

1.1.4　不同类型水源地特点

重要饮用水水源地类型不同，实施安全保障达标建设工作时的侧重点也不同。针对不同饮用水水源地类型和实地调研情况，首先分析不同饮用水水源地的特征属性。

1.1.4.1　水库（湖泊）型（湖库型）

1. 水源及取水口位置特征

水库（湖泊）型水源地水源因需要考虑湖库泥沙淤积或水生生物生长对取水口周围的影响，取水口一般布设在中水层（避开支流入口、大坝坝前等）区域。

2. 水量特征

水库（湖泊）型水源地水源主要来自降水、地面径流或河道补给，水资源的消耗主要是蒸发、渗漏、排泄和开发利用。水库（湖泊）型水源地蓄水量一方面受外界因素影响较大;另一方面,为保证水源地供用水需求,水量调配工作难度较大。

3. 水质特征

水库(湖泊)型水源地水质受库区、周边环境及人类活动干扰影响较大,目前水库(湖泊)型水源地水质污染主要来自工业污染、农业面源污染、生活垃圾排放和水体富营养化等。

4. 管理与风险防范

一般地,水库(湖泊)型水源地设置有专门的管理机构,如水库建设管理局等,专门管理机构受省(区、市)水行政主管部门或环保部门主管。

水库型水源地风险主要来自两个方面:一是来自工程运行管理方面的风险,如坝体渗漏;二是库区水源水质污染、监控不到位、监管不力以及不可抗力或突发事件等。

1.1.4.2 河道型

1. 水源及取水口位置特征

河道型水源地一般选择在人口密集区的上游河段,尽可能地避免直接从河道取水,有条件的城镇,可采用河岸渗透取水、傍河取水方式;取水口尽量避开回流区、死水区和航运河道;在潮汐河流取水时,做好合理调度,避免咸潮影响。

2. 水量特征

河道型水源地水源主要由河道补给,水资源的消耗主要是蒸发、渗漏、输送和开发利用等。河道型水源地蓄水量受河道径流影响较大,尤其是季节性河道或潮汐河道。

3. 水质特征

河道型水源地水质受上游河道及周边环境影响较大,一般河道型水源地经泵站系统后,设置沉淀系统,经沉淀、消毒处理后提升水质水平,符合要求后进入输送水系统。

4. 管理与风险防范

河道型水源地的保护管理复杂,一方面受上游河道管理机构约束;

另一方面河道取水口归属管理部门为环保部门,水源地还有可能受城建、市政等相关职能部门管辖。

河道型水源地风险主要来自两个方面:一是上游河道水量、水质方面可能引发的风险;二是水源水质污染、监控不到位、监管不力以及不可抗力或突发事件等。

1.1.4.3　地下水型

1. 水源及取水口位置特征

地下水型水源地一般选择含水层较厚、水量丰富、补给充足且调节能力较强的区域,优先选择冲洪积扇的上部砾石带和轴部、冲积平原的古河床、厚度较大的层状裂隙岩溶含水层、延续深远的构造断裂带及其他脉状基岩含水带。

地下水型水源地一般设在地下水污染源的上游,包气带防污性较好的地带;地下水水源须避开排水沟、工业企业和农业生产设施等人为活动的影响,周围 20～30 m 内无厕所、粪坑、垃圾堆、畜圈、渗水坑、有毒有害物质和化学物质堆积等。

一般不得选择地下水超采区。

2. 水量特征

地下水型水源地水源主要由地下水供给,为保证水源供应,需要实测可开采水量。地下水型水源地水量受地下含水层含水量影响较大,且不容易通过其他手段改变,另外,其水源消耗相对较少。

3. 水质特征

地下水型水源地水质受城镇化、工业发展、人类活动破坏明显,有关部门对 118 个城市的连续监测数据显示,约有 64% 的城市地下水遭受严重污染,33% 的地下水受到轻度污染,基本清洁的城市地下水只有3%,企业排污整顿等保护地下水水源迫在眉睫。

4. 管理与风险防范

同样,地下水型水源地存在保护管理复杂的局面,城建、市政、环保等相关部门均有管辖权,且存在职能交叉。

地下水型水源地风险主要来自三大方面:一是水源水量风险,二是水源水质污染风险,三是管理存在薄弱环节。

1.2 城市饮用水水源地安全

水源地安全问题通常是指伴随着社会经济的发展和人口的增长,水源地出现了水质污染、水量短缺、水位下降、地面塌陷等环境问题,由此造成危及人体健康、环境状况恶化等问题。水源地安全的内涵涉及两方面:一是水源地本身的自然属性,也就是水源地抵御外界干扰的能力,如地下水水源地的含水层厚度、含水层介质和包气带、土壤类型等,都会影响外来物质在地下水中的去向。二是水源地安全的社会属性,即由于人类活动的影响,水源地相应做出的一些反应,如水质污染、水量短缺、海水入侵、水体富营养化等,使得水源地降低甚至丧失正常的供水功能,不能满足人们对饮用水的基本需求,危及人体健康。

总之,一个安全的水源地在一定的时间尺度内能够维持它的正常供水功能,也能够维持对胁迫的恢复能力。换句话说,安全的水源地应该在具有持续供给能力的基础上具有足够的水量、安全的水质以及较强的水环境和生态环境承载能力,保障周边生态环境处于良好的状态,同时能够较大限度地满足人们对饮用水安全的需要。

综上,城市饮用水水源地安全的内涵需包括水量保证、水质合格基本要素,同时,需制定健全的制度约束人类破坏水源地安全的活动行为,辅助设置完备的监控设施,及时发现并终止人类破坏水源地的行为。因此,安全的饮用水水源地内涵需包括水量保证、水质合格、监控完备、制度健全四方面,针对河道型、湖泊型、水库型和地下水型水源地不同的特点,四方面分别制定细的指标体系用于评价水源地的安全程度。

1.3 饮用水水源地安全保障达标建设指标体系及技术要求

1.3.1 饮用水水源地安全评价指标体系构建原则

围绕饮用水水源地安全内涵四方面目标和各类型水源地的特点,构建指标体系评估水源地安全状况。本书重点介绍《全国重要饮用水水源地安全保障评估指南(试行)》构建的指标体系,明确指标体系构建原则,介绍构建的多项指标体系。

(1)全面性与代表性原则。指标体系不仅要客观真实地概括饮用水水源地安全的内涵,更要能全面反映不同类型水源地安全的总体特征。但为避免指标过多使评价过程复杂,要选择必要的、有代表性的、关键性的指标,不能过于细致导致指标之间重叠,同时要避免指标漏选。

(2)系统性与层次性原则。指标体系是一个内在因素互相作用的繁杂系统,需要将系统分成相互关联的各级层次,层次越高指标越综合,层次越低指标越具体。需要确定总体指标的目标层、主体指标的准则层和群体指标的具体指标层,以及各层次指标的权重,做到系统性与层次性相结合。

(3)科学性与可操作性原则。科学性是指用明确、标准的理论来定义指标,用合理可行的方法分析,能够客观、真实地反映系统内部结构关系,并能较好地度量饮用水水源地安全的程度。可操作性是指所选的指标变量值在现有资料和技术条件下容易获取,通过简单方便的科学方法就能够对其进行分析。

(4)定量与定性原则。影响水源地安全的因素中,有些可以量化,有些无法量化。一般来说,指标应尽可能量化来使评价结果更明确,不能直接量化的指标采用相应的数学方法间接赋值量化,难以定量的重要指标采用定性描述。定量为主,定性为辅,两者相互结合。

(5)综合性与类别性原则。指标尽可能采用通用的名称、概念、计算方法和结构模型,使指标体系适用于不同类型水源地,同时在具体指标上能体现出不同类型水源地各自的特征,做到指标体系既有综合可比性,又能体现水源地的类别性。

1.3.2 饮用水水源地安全评价指标体系的构建

经过筛选与优化,《全国重要饮用水水源地安全保障评估指南(试行)》构建了一套完善的饮用水水源地安全评价指标体系。评价指标体系以饮用水水源地安全内涵为基础,包含目标层、指标层、评分要求层三个层次。目标层反映的是四方面终极目标,是安全状况评估结果的高度总结和直观表达;指标层为反映每项目标选取的具体定性或定量指标,深入揭示水源地安全状况,共25项指标;评分要求层是具体指标的评估标准,对指标层不同情况进行评估计算得分。

水量保证主要体现在年度供水保证率、应急备用水源地建设、水量调度管理、供水设施运行四方面,供水保证率要求达到95%,供水城市已建立应急备用水源地,且供水储备和供水配套设施完善;流域和区域供水调度中有优先满足饮用水供水要求,能确保相应保证率下取水工程正常运行所需水量和水位的要求,并且批准实施了特殊情况下的区域水资源配置和供水联合调度方案;供水设施完好,取水和输水工程运行安全;取水口处河势稳定;地下水水源地采补基本平衡,长期开采不产生明显的地质和生态环境问题。

水质合格主要体现在取水口水质达标率、封闭管理及界标设立、入河排污口设置、保护区综合治理、含磷洗涤剂与农药和化肥等的使用、保护区交通设施管理、保护区植被覆盖率。取水口水质全年达到或优于Ⅲ类标准的次数不小于80%,且地表水型水源地监测频次每月至少2次,监测指标达到《地表水环境质量标准》(GB 3838—2002)中规定的基本项目和补充项目;地下水型水源地监测频次达到每月至少1次,且按照《地下水质量标准》(GB/T 14848—93)中规定的监测项目开展监测。湖库型水源地一级保护区实现全封闭管理,河道型水源地取水口半径50 m内进行全封闭管理,地下水型水源地一级保护区实现单井封闭管理,且界标、警示标志以及隔离防护设施完善;一、二级保护区内没有入河排污口，一、二级保护区和准保护区范围没有与供水设施和保护水源无关的建设项目，没有道路通过，或者有道路通过但采取了完善的截污措施。河道型水源地保护区内采取禁止或限制使用含磷洗涤剂、农药、化肥以及限制种植、养殖等措施，地下水型水源地保护区内禁止利用透水层及废弃矿坑储存农药。一级保护区内适宜绿化的陆域范围植被覆盖率应达到 80% 以上，二级保护区内适宜绿化的陆域植被覆盖率应逐步提高。

监控完备主要包括视频监控、巡查制度、特定指标监测、在线监测、信息监控系统和应急监测能力。建立自动在线监控设施，对饮用水水源地取水口及重要供水工程设施实现 24 h 自动视频监控和水质、水量在线监测。建立巡查制度，并且一级保护区实现逐日巡查，二级保护区实行不定期巡查，巡查记录完整。地表水水源地按照《地表水环境质量标准》（GB 3838—2002）规定的特定项目每年至少进行 1 次排查性监测，且湖库型水源地按照《地表水资源质量评价技术规程》（SL 395—2007）规定的项目开展营养状况监测，地下水水源地按照《地下水监测规范》（SL 183—2005）有关规定对水位、取水量等进行定期监测。建立水质水量安全监控系统，具备取水量、水质、水位等水文水资源监测信息采集、传输和分析处理能力；具备预警和突发事件发生时，加密监测和增加监测项目的应急监测能力。

制度健全主要包括保护区划分、部门联动机制、法规体系、应急预案及演练、管理队伍、资金保障。要求完成保护区划分并经省政府批准实施，建立水源地安全保障部门联动机制，实行资源共享和重大事项会商制度，制定饮用水水源地保护的相关法规、规章或办法，并经批准实施；制订应对突发水污染事件、洪水和干旱等特殊条件下供水安全保障的应急预案，每年至少开展一次应急演练，并建立人员、物资储备机制和技术保障体系；配有专职管理人员，落实工作经费，加强管理和技术人员培训，并建立稳定的饮用水水源地保护资金投入机制。

全国饮用水水源地安全保障指标体系如表 1-1 所示。

表 1-1 　全国饮用水水源地安全保障指标体系

目标层	指标层	评分要求层
水量评估	年度供水保证率	年度供水保证率达到95%以上
	应急备用水源地	建立重要城市应急备用水源地;备用水源能够满足特殊情况下一定时间内生活用水需求,并具有完备的接入自来水厂的供水配套设施
	水量调度管理	流域和区域调度中,应有优先满足饮用水供水要求的调度配置方案,确保相应保证率下取水工程正常运行的水量和水位; 制订特殊情况下的区域水资源配置和供水联合调度方案,建立特枯年或连续干旱年的供水安全储备
	供水设施运行	供水设施完好,取水和输水工程运行安全;取水口处河势稳定;地下水水源地采补基本平衡,长期开采不产生明显的地质和生态环境问题
水质评估	取水口水质达标	地表水水源地取水口能够按照《地表水环境质量标准》(GB 3838—2002)规定的基本项目和补充项目进行监测,每月至少监测2次,并且水质达到或优于《地表水环境质量标准》(GB 3838—2002)Ⅲ类标准; 地下水水源地能按照《地下水质量标准》(GB/T 14848—93)水质监测指标进行监测,每月至少监测1次,并且供水水质达到或优于《地下水质量标准》(GB/T 14848—93)Ⅲ类标准
	封闭管理及界标设立	一级保护区内有条件的地方应实行封闭管理;保护区边界设立明确的地理界标和明显的警示标志;取水口和取水设施周边设有明显的具有保护性功能的隔离防护设施
	入河排污口设置	在饮用水水源保护区内禁止设置排污口

目标层	指标层	评分要求层
水质评估	一级保护区综合治理	一级保护区内,没有与供水设施和保护水源无关的建设项目;没有从事网箱养殖、畜禽饲养、旅游、游泳、垂钓或者其他可能污染饮用水水体的活动
	二级保护区综合治理	二级保护区内,无排放污染物的建设项目;从事网箱养殖、畜禽饲养、旅游等活动的应按规定采取措施防止污染饮用水水体
	准保护区综合治理	准保护区内,没有对水体产生严重污染的建设项目,没有危险废物、生活垃圾堆放场所和处置场所
	含磷洗涤剂、农药和化肥等的使用	保护区内采取禁止或限制使用含磷洗涤剂、农药、化肥以及限制种植、养殖等措施
	交通设施管理	保护区范围内有公路、铁路通过的,交通设施应建设和完善桥面雨水收集处置设施与事故环境污染防治措施,在进入保护区之前应设立明显的警示标志
	植被覆盖率	一级保护区内适宜绿化的陆域,植被覆盖率应达到 80% 以上;二级保护区内适宜绿化的陆域,植被覆盖率应逐步提高
监控评估	视频监控	实现对饮用水水源地安全的全方位监控。管理部门建立自动在线监控设施,对饮用水水源地取水口及重要供水工程设施实现 24 h 自动视频监控
	巡查制度	建立巡查制度,饮用水水源一级保护区实行逐日巡查,二级保护区实行不定期巡查,做好巡查记录
	特定指标监测	地表水水源地按照《地表水环境质量标准》(GB 3838—2002)规定的特定项目,每年至少进行 1 次定期排查性监测; 湖库型饮用水水源地,还应按照《地表水资源质量评价技术规程》(SL 395—2007)规定的项目开展营养状况监测; 地下水饮用水水源地能按照《地下水监测规范》(SL 183—2005)有关规定,对水位和采补量进行定期监测

目标层	指标层	评分要求层
监控评估	水质水量在线监测	取水口附近水域具有水质水量在线监测
	信息监控系统	具备水量、水质、水位、流速等水文水资源监测信息采集、传输和分析处理能力,建立饮用水水源地水质、水量安全监控信息系统
	应急监测能力	加强针对突发污染事件及藻华等水质异常现象的应急监测能力建设,具备预警和突发事件发生时,加密监测和增加监测项目的应急监测能力
管理评估	保护区划分	完成饮用水水源保护区划分,报省级人民政府批准实施
	部门联动机制	建立水源地安全保障部门联动机制,实行资源共享和重大事项会商制度
	法规体系	制定饮用水水源地保护的相关法规、规章或办法,并经批准实施
	应急预案及演练	制订应对突发水污染事件、洪水和干旱等特殊条件下供水安全保障的应急预案; 每年至少开展一次应急演练,建立健全有效的预警机制; 建立应对突发事件的人员、物资储备机制和技术保障体系
	管理队伍	重要饮用水水源地的管理和保护应配备专职管理人员,落实工作经费; 加强技术人员培训,提高监测能力和水平
	资金保障	建立稳定的饮用水水源地保护资金投入机制

1.3.3 饮用水水源地安全状况评估等级确定

根据评分要求,分不同级别进行评估打分,见表1-2~表1-5。

表 1-2　水量保证评估指标分值及说明

目标层	指标层	评估分值	评分要求层	档案材料或说明
水量	年度供水保证率	14	年度供水保证率达到95%以上的,得14分	[湖库型水源地、河道型水源地]对于供水保证率达到95%以上的,提供年度来水量(包括调水水量)及设计枯水年来水量数据;对于供水保证率低于95%的,应说明原因和拟采取的措施等。[地下水型水源地]对于供水保证率达到95%以上的,提供年度供水量及可开采量数据;对于供水保证率低于95%的,应说明原因和拟采取的措施等
			年度供水保证率不能达到95%的,得0分	
	应急备用水源地建设	8	供水城市建立应急备用水源地,并能满足一定时间内生活用水需求,并且具有完善的接入自来水厂的供水配套设施的,得8分	已建立备用水源地的,提供备用水源地建设相关批复文件、设计规模、运行情况以及配套供水设施的相关设计文件、现场照片等材料;如供水储备或配套供水设施不完善的,应说明原因及主要影响,同时说明相关补救措施;对于尚未建设应急备用水源地的,应说明原因
			已建立应急备用水源地,但供水储备和供水配套设施有一项不完善的,得6分	
			已建立应急备用水源地,但供水储备和供水配套设施均不完善的,得3分	
			没有建立应急备用水源地的,得0分	

目标层	指标层	评估分值	评分要求层	档案材料或说明
水量保证	水量调度管理	4	流域和区域供水调度中有优先满足饮用水供水要求,能确保相应保证率下取水工程正常运行所需水量和水位要求,并且制订了特殊情况下的区域水资源配置和供水联合调度方案,并经批准实施的,得4分	流域和区域供水调度中有优先满足饮用水供水要求的,建立水量、水位双控制指标的,提供该调度配置方案;没有相关调度配置方案的,说明对实际供水是否产生不利影响等。已经制订特殊情况下的区域水资源配置和供水联合调度方案,并经批准实施的,提供该方案,说明供水安全储备情况;没有制订特殊情况下的区域水资源配置和供水联合调度方案的,应说明原因
			流域和区域供水调度中有优先满足饮用水供水要求,但没有制订特殊情况下的区域水资源配置和供水联合调度方案的,得2分	
			有特殊情况下区域水资源配置和供水联合调度方案,但流域区域供水调度中没有优先满足饮用水供水要求的,得1分	
			两者均没有的,得0分	

目标层	指标层	评估分值	评分要求层	档案材料或说明
水量保证	供水设施运行	4	供水设施完好,取水和输水工程运行安全的,得4分	［湖库型水源地、河道型水源地］供水设施完好,取水和输水工程运行安全的,应说明主要供水设施的名称、地点、规模、建设及改扩建时间等信息,提供供水设施相关照片、检修记录等材料;取水设施、输水设施偶尔出现事故影响供水,经过抢修后能够安全运行的,应简要说明事故经过、影响、补救措施等;对于安全隐患较严重的,说明理由。 ［地下水型水源地］供水设施完好的,应说明主要供水设施的名称、地点、规模、建设及改扩建时间等信息;取水设施、输水设施偶尔出现事故影响供水,经过抢修后能够安全运行的,应简要说明事故经过、影响、补救措施等。 地下水采补基本平衡的,提供5年系列的水位和取水量数据、图表等相关证明材料;轻度超采的,提供超采率;地下水严重超采的,说明原因
总分		30		

表 1-3 水质合格评估指标分值及说明

一级指标	二级指标	分值	评估方法	档案材料或说明
水质合格	取水口水质达标率	20	［湖库型水源地、河道型水源地］取水口水质全年达到或优于Ⅲ类标准的次数不小于80%的，监测频次达到每月至少2次，且监测项目达到《地表水环境质量标准》（GB 3838—2002）中规定的基本项目和补充项目的，得20分。 ［地下水型水源地］取水口水质全年达到或优于Ⅲ类标准的次数不小于80%的，监测频次达到每月至少1次，且按照《地下水质量标准》（GB/T 14848—93）中规定的监测项目开展监测的，得20分	［湖库型水源地、河道型水源地］应按年度提供每月水质监测报告，监测2次的取2次平均值，全年按频次法进行水质达标评价，达标次数不小于80%的为达标，否则为不达标。提供水质监测单位资质情况。 供水水质（基本项目和补充项目）低于《地表水环境质量标准》（GB 3838—2002）Ⅲ类标准的，应对水质不达标的原因进行分析，并就所采取的防治措施进行说明；未采取有效措施，供水水质未明显改善或存在继续恶化风险的，应说明原因。 ［地下水型水源地］应按年度提供每月水质监测报告，监测2次的取2次平均值，全年按频次法进行水质达标评价，达标次数不小于80%的为达标，否则为不达标。 对于背景情况影响水质，但满足水厂要求的，可以不参评。提供水质监测单位资质情况。 水质低于《地下水质量标准》（GB/T 14848—93）Ⅲ类标准的，应分析原因，并就所采取的防治措施进行说明
			以上任一条件没有达到的，得0分	

一级指标	二级指标	分值	评估方法	档案材料或说明
水质合格	封闭管理及界标设立	4	[湖库型水源地]一级保护区实现全封闭管理,且界标、警示标志以及隔离防护设施完善的,得4分。 [河道型水源地]一级保护区取水口半径50 m内进行全封闭管理,且界标、警示标志以及隔离防护设施完善的,得4分。 [地下水型水源地]一级保护区实现单井封闭管理,且界标、警示标志以及隔离防护设施完善的,得4分	[湖库型水源地、河道型水源地]提供应封闭管理和实际封闭管理公里数及工程合同、验收等材料;设立了边界地理界标、警示标志、隔离防护设施的,提供图片、照片、数量等信息;设有地理界标、警示标志及隔离保护设施,但不完善的,说明原因。未开展相关工作的,提供未来开展相关工作的计划、方案,说明未能开展相关工作的理由。 [地下水型水源地]设立了边界地理界标、警示标志、隔离防护设施的,提供图片、照片、数量等信息;设有地理界标、警示标志及隔离保护设施,但不完善的,说明原因。未开展相关工作的,提供未来开展相关工作的计划、方案,说明未能开展相关工作的理由
			实现部分封闭或界标、警示标志以及隔离防护设施等不完善的,得2分	
			未开展相关工作的,得0分	
	入河排污口设置	3	一、二级保护区内没有入河排污口的,得3分	存在入河排污口的,提供建设项目和排污口的数量、类型、规模和图片等信息;清理效果不明显或者未采取清理措施的,应说明原因
			保护区内有入河排污口的,得0分	

一级指标	二级指标	分值	评估方法	档案材料或说明
水质合格	一级保护区综合治理	3	［湖库型水源地、河道型水源地］没有与供水设施和保护水源无关的建设项目，没有从事网箱养殖、畜禽养殖、旅游、游泳、垂钓或者其他可能污染饮用水水体的活动，水面没有树枝、垃圾等漂浮物的，得3分。［地下水型水源地］没有与供水设施和保护水源无关的建设项目，没有垃圾堆放、旱厕、加油站或者其他可能污染饮用水水体的活动的，得3分	［湖库型水源地、河道型水源地］存在与供水设施和保护水源无关的建设项目的，应提供建设项目的数量、类型和规模等信息，说明理由和治理措施；无网箱养殖、畜禽养殖、旅游等活动，提供相关禁止性文件或其他证明材料；存在上述活动的，说明理由和治理措施。［地下水型水源地］存在与供水设施和保护水源无关的建设项目的，应提供建设项目的数量、类型和规模等信息，说明理由和治理措施。存在上述可能污染饮用水水体活动的，应说明所采取的清理措施和效果，对于清理效果不明显，或者未采取清理措施的，应说明原因
			有上述建设项目或存在上述污染水体活动的，得0分	
	二级保护区综合治理	2	［湖库型水源地、河道型水源地］没有排放污染物的建设项目，从事网箱养殖、畜禽养殖、旅游等活动的按照规定采取防止污染饮用水水体措施的，得2分。［地下水型水源地］没有严重污染的企业，没有城市垃圾、粪便和易溶、有毒有害废弃物堆放场和转运站，没有污水灌溉农田的，得2分	存在排放污染物的建设项目的，应提供建设项目和排污口的数量、类型和规模等信息，说明理由和治理措施；无网箱养殖、畜禽养殖、旅游等活动，无固体废物储存、堆放场所的，提供相关禁止性文件或其他证明材料；存在上述活动或场所的，提供活动或场所分布范围、类型和规模等信息，说明理由和拟治理措施
			有排放污染物的建设项目或上述活动场所，未按照规定采取防止污染饮用水水体措施的，得0分	

一级指标	二级指标	分值	评估方法	档案材料或说明
水质合格	准保护区综合治理	2	没有对水体产生严重污染的建设项目,没有危险废物、生活垃圾堆放场所和处置场所的,得2分	存在上述建设项目或场所的,应提供建筑物、活动分布范围、类型和规模等信息,说明所采取的清理措施和效果,清理效果不明显,或者未采取清理措施的,应说明原因
			存在上述情况的,得0分	
	含磷洗涤剂、农药和化肥等的使用	2	[湖库型水源地、河道型水源地]保护区内采取禁止或限制使用含磷洗涤剂、农药、化肥以及限制种植养殖等措施的,得2分。 [地下水型水源地]保护区内禁止利用透水层孔隙、裂隙、溶洞及废弃矿坑储存农药的,得2分	不存在使用含磷洗涤剂、农药和化肥情况的,提供相关禁止性文件或其他证明材料;存在上述活动的,说明理由和未来治理措施
			没有禁止或限制的,得0分	
	保护区交通设施管理	3	保护区无公路、铁路通过;若有公路、铁路通过,并已建设和完善桥面雨水收集处置设施与事故环境污染防治措施,并在进入保护区之前设立明显的警示标志的,得3分	保护区无公路、铁路通过,或若有铁路、公路通过,已建设和完善桥面雨水收集处置设施与事故环境污染防治措施,并且公路、铁路进入保护区之前设立有明显的警示标志或采取部分防护措施的,提供相关图片或其他证明材料;保护区有公路、铁路通过,但没采取相应防治措施的,应说明原因
			保护区有公路、铁路通过,但采取部分防治措施,且有警示标志的,得2分	
			保护区有公路、铁路通过,但没采取相应防治措施的,得0分	

一级指标	二级指标	分值	评估方法	档案材料或说明
水质合格	保护区植被覆率率	1	一级保护区内适宜绿化的陆域,植被覆盖率达到80%以上的,得1分;二级保护区内适宜绿化的陆域,植被覆盖率逐步提高的,得1分	提供相关规划或文件,应说明保护区范围内的植被覆盖情况及植被分布情况;对于植被覆盖率不符合要求的,应说明近年所采取的绿化措施及效果
			保护区植被覆盖率不满足上述要求的,得0分	
总分			40	

表1-4　监控完备评估指标分值及说明

一级指标	二级指标	分值	评估方法	档案材料或说明
监控完备	视频监控	2	建立自动在线监控设施,对饮用水水源地取水口及重要供水工程设施实现24 h自动视频监控的,得2分	已建立自动在线监控设施的,应提供水源地监控体系具体情况,包括设备名称、运行状况、图片等;未建立自动在线监控设施的,应说明原因
			管理部门建立自动在线监控设施,但不能对取水口和重要供水工程实现24 h自动视频监控的,得1分	
			管理部门没有建立自动在线监控设施的,得0分	
	巡查制度	2	建立巡查制度,并且一级保护区实现逐日巡查,二级保护区实行不定期巡查,巡查记录完整的,得2分	建立巡查制度的,提供巡查制度文件和巡查记录;巡查制度未建立或者不完善的,应说明原因以及相关工作计划
			建有巡查制度,但一级保护区不能实现逐日巡查,巡查记录不完整的,得1分	
			没有建立巡查制度的,得0分	

一级指标	二级指标	分值	评估方法	档案材料或说明
监控完备	特定指标监测	3	［湖库型水源地］按照《地表水环境质量标准》(GB 3838—2002)规定的特定项目每年至少进行1次排查性监测,并且按照《地表水资源质量评价技术规程》(SL 395—2007)规定的项目开展营养状况监测的,得3分。 ［河道型水源地］按照《地表水环境质量标准》(GB 3838—2002)规定的特定项目每年至少进行1次排查性监测的,得3分。 ［地下水型水源地］按照《地下水监测规范》(SL 183—2005)有关规定对水位、取水量等进行定期监测的,得3分	［湖库型水源地］开展排查性监测或营养状况监测的,说明监测项目、监测频次以及达标情况等内容;对于未按规定对特定项目开展排查性监测或营养状况监测的,或者监测结果不达标的,应说明原因,并提出改进措施和工作计划。 ［河道型水源地］开展排查性监测的,说明监测项目、监测频次以及达标情况等内容;对于未按规定对特定项目开展排查性监测的,或者监测结果不达标的,应说明原因,并提出改进措施和工作计划。 ［地下水型水源地］开展水位、取水量监测的,提供监测单位、项目、频次、结果等
			［湖库型水源地］开展排查性监测或营养状况监测其中一项的,得2分	
			没按上述要求开展监测的,得0分	
	在线监测	3	取水口附近水域具有水质水量在线监测的,得3分	取水口附近水域实现在线监测的,提供在线监测设施位置、运行情况,在线监测数据等材料
			取水口附近水域没有水质水量在线监测的,得0分	

一级指标	二级指标	分值	评估方法	档案材料或说明
监控完备	信息监控系统	2	建立水质水量安全监控系统,具备取水量、水质、水位等水文水资源监测信息采集、传输和分析处理能力的,得 2 分	具备水量、水质、水位等监测信息采集、传输和分析处理能力,建立水源地水质水量安全监控系统的,提供数据报送方式、频率、分析报告,系统开发的相关文件、合同、系统图片等
			建立水质水量安全监控系统,具备上述 1～2 项能力的,得 1 分	
			没有建立水质水量安全监控系统的,得 0 分	
	应急监测能力	3	具备预警和突发事件发生时,加密监测和增加监测项目的应急监测能力的,得 3 分	具备突发事件发生时,加密监测和增加监测项目的应急监测能力的,提供监测单位资质、能力及其他证明材料;对于应急监测体系不完善的,应说明原因,提供相关工作计划或方案
			具备预警和突发事件发生时,加密监测或增加监测项目的应急监测能力之一的,得 2 分	
			应急监测能力难以满足应对突发性应急监测需要的,得 0 分	
总分			15	

表 1-5　制度健全评估指标分值及说明

一级指标	二级指标	分值	评估方法	档案材料或说明
制度健全	保护区划分	3	完成保护区划分工作并报省级人民政府批准实施的,得3分	完成保护区划分并报省级人民政府批准实施的,提供相关批复文件;未进行保护区划分的,应说明原因
			未划分水源保护区的,得0分	
	部门联动机制	2	建立水源地安全保障部门联动机制,实行资源共享和重大事项会商制度的,得2分	水源所在地人民政府建立水源地安全保障部门联动机制,实行资源共享和重要事项会商制度的,应提供联动机制建立的相关文件,说明联席会议或会商会议制度
			未建立水源地部门联动机制的,得0分	
	法规体系	2	制定饮用水水源地保护的相关法规、规章或办法,并经批准实施的,得2分	制定了水源地保护相关法规、规章或办法,并经批准实施的,提供相关法规、规章或办法;没有开展相关工作的,说明情况
			没有制定饮用水水源地保护的相关法规、规章或办法的,得0分	
	应急预案及演练	3	制订应对突发水污染事件、洪水和干旱等特殊条件下供水安全保障的应急预案,每年至少开展一次应急演练,并建立人员、物资储备机制和技术保障体系,每具备一项得1分,共3分	制订应对突发性水污染事件、洪水和干旱等特殊条件下供水安全保障应急预案,并经批准实施的,提供该预案;实行定期演练的,提供定期演练记录、照片等材料;建立人员、物资、技术保障体系的,提供该体系组成、物资储备场所、清单等
			应急预案、应急演练或应急储备都没有的,得0分	

一级指标	二级指标	分值	评估方法	档案材料或说明
制度健全	管理队伍	3	水源地的管理和保护配备专职管理人员,落实工作经费,加强管理和技术人员培训的,得3分	配备专职管理人员,落实工作经费,加强培训工作的,应说明专职管理人员具体人员和职责,提供工作预算和人员培训记录、培训证明;人员配备不到位,工作经费相对紧张,关键管理和技术岗位培训能够保证的,提供培训证明、培训记录;对于人员和工作经费缺失的,应说明原因及所采取的措施等
			人员配备不到位,工作经费相对紧张,关键管理和技术岗位培训能够保证的,得2分	
			人员和工作经费缺失严重,已经明显影响水源地管理工作效率,并且无明显改善趋势的,得0分	
	资金保障	2	建立稳定的饮用水水源地保护资金投入机制的,得2分	有稳定的资金投入机制的,提供资金投入机制类型、资金来源等材料;对于尚未形成稳定的资金投入机制的,应说明理由和改进计划
			未建立稳定的资金投入机制的,得0分	
总分			15	

在对水源地进行打分评估的基础上,划分评估等级分别为优、良、中、差,见表1-6。

表1-6　饮用水水源地综合评估结果分级

级别	优	良	中	差
得分	≥90	80≤得分<90	60≤得分<80	<60

1.3.4 不同类型水源地安全保障达标建设技术要求

除上述重要饮用水水源地安全保障达标建设的共性技术要求外,不同类型的水源地,安全保障达标建设与保护管理也存在不同之处,主要包括以下方面的技术规范或要求。

1.3.4.1 水量保证方面

对于水库(湖泊)型水源地而言,为提高供水保证率和应急供水能力,应关注水文气象信息和相关系列资料,预测年度来水量、规划年度调用水方案,出现特殊降水年份时,应制订联合调度方案。

对于地下水型水源地而言,则应关注影响年度可开采量的因素信息以及是否出现超采现象的表征信息,必要时,及时调整地下水采用的工作方案。

另外,各类型水源地建设的工程设施和设备有所不同,为保证水量安全,应有针对性地加强水源地工程设施和设备管理与维护。

1.3.4.2 水质监测方面

1. 河道型

监测断面设置按照《地表水和污水监测技术规范》(HJ/T 91—2002)实施。水质变差或发生突发事件时,设置应急预警监测断面,预警监测断面应根据近 3 年水文资料,分别在取水口、取水口上游一级保护区入界处、二级保护区入界处、保护区的河流汇入口、跨界处进行设置;潮汐河流应在潮区界以上设置对照断面,设有防潮桥闸的潮汐河流,根据需要在桥闸的上、下游分别设置断面,潮汐河流的断面位置,尽可能与水文断面一致或靠近,以便取得有关水文数据。

2. 水库(湖泊)型

监测断面设置按照《地表水和污水监测技术规范》(HJ/T 91—2002)实施。建议断面位置围绕取水口(含取水口)5 000 m 范围内呈环形设置,在进出水库、湖泊的河流汇合处分别设置监测断面。水质变差或发生突发事件时,应在水库、湖泊中心、深水区、浅水区、滞留区设置监测垂线,在水生生物经济区、与特殊功能区域陆域相接的水面、跨行政区界处分别设置监测断面。

3. 地下水型

地下水型饮用水水源监测井应分别设在一级、二级保护区边缘和取水口、泉水出露位置、地下水补给区和主径流带;周边工业建设项目、矿山开发、水利工程、石油开发、加油站、垃圾填埋场及农业活动等可能对地下水源区造成影响时,污染控制监测井的设置应充分考虑保护区边缘位置,可参照《地下水环境监测技术规范》(HJ/T 164—2004)适当增加监测井数量。

此外,地表水型(水库(湖泊)型、河道型)和地下水型水源地水质监测达标要求不同;特定指标监测项目不同,水库(湖泊)型水源地重点开展排查性监测和营养状况监测,河道型水源地重点开展排查性监测,地下水型水源地重点开展水位、取水量监测和采补平衡监测等;对特定指标监测频次的要求也不同,具体应按照《地表水环境质量标准》(GB 3838—2002)和《地下水监测规范》(SL 183—2005)执行。

1.3.4.3　水源地监控方面

水源地监控方面,不同类型饮用水水源地的监控重点不同。水库(湖泊)型水源地,视频监控重点是湖库主要集水区及周边范围;河道型水源地,视频监控重点是上游河道取水口周边及集水区,有水源沉淀处理系统的也应包括在内;地下水型水源地,视频监控重点是取水井及周边范围。另外,水源地监控还与不同类型饮用水水源地的其他附属功能有关,布置视频监控系统时应综合考虑。

除视频监控外,巡查必不可少,不同类型饮用水水源地巡查的重点也不同。水库(湖泊)型、河道型水源地巡查时,一方面应巡查工程设施设备、输送水管道系统有无异常;另一方面还应排查一级保护区内可能的风险因素和可能诱发风险的因素,对于二级保护区和准保护区也应做好排查工作。地下水型水源地,一级保护区内的巡查则是重中之重。

1.3.4.4　运行管理方面

水库(湖泊)型水源地往往附属灌溉、发电、生态等多项功能,需要考虑各项用水量、用水时段,同时兼顾上下游梯级工程的用水时段,运行调度十分重要,多为水利部门负责管理。河道型水源地引水口门受水位变化和上游来水水质影响较大,存在枯水季节引水困难和上游水质污染风险。地下水水质相对稳定,运行管理相对简单,按照黄河流域集中式饮用水水源地统计结果,多为城建部门负责管理。

第2章 城市饮用水水源地安全保障达标建设调查内容和方法

2.1 水源地基本情况调查

2.1.1 主要调查内容

重点调查水源地地理位置、周边环境状况,水源地供水规模、供水方式,供水城市人口及社会经济概况,水源地水质、水量,管理单位及制度建设,已实施的水源地保护措施等基本信息,有条件的水源地应调查水生态状况,进一步反映水源地安全状况。

2.1.2 调查方法

基础资料调查以收集资料、现场调查为主,辅助采取 GIS 与遥感技术法以及趋势推断法。

(1)收集资料法。

收集资料法引用范围广、收效大,比较节省人力、物力和时间。因此,在水源地信息调查中首选该方法获取资料。但该方法往往搜集的资料宽泛,不具备某特定工作需求的特性,需要耗费人力筛选、分析所需内容。

(2)现场调查法。

针对工作的需要,直接采取监测、走访、座谈等方法获取准确资料,弥补收集资料法的不足,但该方法需要消耗大量的人力、物力和时间,且容易受到季节、天气、地形和仪器设备等条件的限制。比如水生生物监测最好在 4~6 月,此时生物群落相对丰富;水质监测需要选取丰、平、枯分别进行监测。

（3）GIS 与遥感技术法。

GIS 与遥感技术快速发展，能够很好地从整体上了解大区域的环境特点，比如水源地周边大区域生态状况及演变趋势等，反映大尺度精度要求不高、范围比较大区域的基线调查，但不适宜微观环境状况的调查。

（4）趋势推断法。

根据以上方法掌握的已有水源地资料，推测水源地总体变化趋势，判断水源地现状情况。该方法需要掌握连续多年的资料，但判断结果可信度存在一定误差和风险。

2.2　水源地水量调查

主要包括设计供水规模、供水保证率及现状年实际供水量、供水保证率，对于多功能的水源地，需要明确生活、农业、工业各行业实际供水量；地下水型水源地需要调查可开采量和实际开采量；供水城市应急备用水源地建设情况、供水设施配套建设情况、水量调度方案等。

2.3　水源地水质调查

主要调查水源地监测频次、监测因子、水质类别、达标情况、是否为全国重要饮用水水源地、界碑标示及封闭管理情况、保护区内适宜植被生长区域的植被覆盖率及保护区内综合治理情况等，对于水质超标的，需调查是一般监测因子超标还是非一般监测因子超标，且明确超标倍数，分析超标原因和水源地现状存在的问题。

2.4　水源地监测监控调查

主要调查视频监控、巡查制度、在线自动监测、特定项目监测、信息监控系统、应急监测能力建设等。视频监控和巡查重点是排查一切不利于水源地保护的行为,在线自动监测重点对水源地水质进行实时监控,预防突发水污染事件的发生。特定项目监测主要目的是排查非一般污染物水质污染问题,监测频次远低于一般污染物。信息监控系统重点反映数据的采集、传输和分析的信息化水平。应急监测能力主要反映突发水污染事件发生时加密监测、增加监测项目的应急监测能力。

2.5　水源地综合管理调查

主要调查水源地保护区划分情况,是否经人民政府批复,政府是否建立部门联动机制,实行资源共享和重要事项会商制度;饮用水水源地保护的相关法规、规章或办法制定及批准实施情况,应急预案制订及应急演练情况,管理队伍建设情况,稳定的资金投入机制等。

2.6　水源地水生生态现状调查

有条件的地表水水源地可以开展水生生态调查,主要包括水体水温、透明度、流速、流量、底质,以及水生维管束植物、湿生植被、浮游动物、浮游植物、底栖动物、鱼类等资源,通过水生生态状况调查间接反映水源地安全状况。

第3章 饮用水水源地安全保障达标建设工程措施

饮用水水源地安全保障工程措施主要包括水源涵养、污染源治理和控制、生态修复与保护。其中,污染源治理和控制措施具体分为点源、面源和内源污染控制;生态修复与保护主要针对地表水水源地开展人工湿地建设、河湖滨带生态修复、湖库生物净化工程等。

3.1 水源涵养

3.1.1 水源涵养林的基本内涵

水源涵养是水源地水量保障的重要工程措施之一,重点是加强水源涵养林建设和保护。水源涵养林指以调节、改善水源流量和水质的一种防护林,也称水源林,是以涵养水源、改善水文状况、调节区域水分循环,防止河流、湖泊、水库淤塞,以及保护饮用水水源为主要目的的森林、林木和灌木林,主要分布在河川上游的水源区。

3.1.2 水源涵养林的分类

水源涵养林根据效益不同,可分为生态型水源涵养林、生态经济型水源涵养林和经济生态型水源涵养林。生态型水源涵养林强调以生态效益为主;生态经济型水源涵养林强调生态效益的同时,兼顾经济效益;经济生态型水源涵养林强调经济效益的同时,兼顾生态效益。

3.1.3 水源涵养林的保护

对水源地已有水源涵养区需建立生态功能保护区,加强保护与管理,限制或禁止各种不利于保护生态系统水源涵养功能的经济社会活动和生产方式,如过度放牧、无序采矿、毁林开荒、开垦草地等。同时加强对水源涵养地森林、草地和湿地等生态系统的保护,严格保护具有重要水源涵养功能的自然植被。加强生态恢复与生态建设,其中地表水水源地在上游汇水区范围内种植涵养林涵养水源,地下水水源地重点以水文地质单元为界在集水区范围内种植涵养林。治理水土流失,恢复与重建水源涵养区森林、草地、湿地等生态系统,提高生态系统的水源涵养功能。草原地区应控制载畜量,开展生态产业示范,培育替代产业,减轻居民生产对水源和生态系统的压力。

3.2 污染源治理和控制

主要指水源地保护区内污染源治理和控制,具体包括居民、工业企业、入河排污口、畜禽养殖等点源污染,农村生活垃圾、农田径流、水土流失等面源污染,水域内底泥、垃圾、水产养殖、流动线源等内源污染。

依据《中华人民共和国水法》第三十三条"国家建立饮用水水源保护区制度。省、自治区、直辖市人民政府应当划定饮用水水源保护区,并采取措施,防止水源枯竭和水体污染,保证城乡居民饮用水安全",第三十四条"禁止在饮用水水源保护区内设置排污口"等法规制度要求,贯彻国家有关经济建设、社会发展与水资源合理开发利用、水资源保护及水污染防治协调发展的方针,预防为主、防治结合,对于尚未受污染的水源地,应加强保护措施;对于已经受污染的水源地,应尽快着手治理。

原则上,水源保护区内应严格禁止任何形式的排污,水源保护区外围应执行污染物排放总量控制方案,确保饮用水水源保护区边界达到水质目标要求。鉴于我国水源污染现状及经济社会发展状况,短期内上述污染控制要求无法一步到位,考虑到目标的可操作性及可达性,可拟订阶段性污染物削减方案,当外部条件满足时,即应确保严格执行污染控制要求。对于水源保护区最终目标,水源保护区外围污染物排放量必须控制在水功能区划确定的污染物最大允许污染负荷量,水源保护区和准保护区内禁止排污。

3.2.1 点源污染控制

水源地点污染源主要包括集中排入河流、湖泊的城镇生活污水排污口、排放工业废水的企业及流域或区域内其他固定污染源。点源污染主要有：城市生活污水排放，工业点源排放及工业化学品的渗漏、溢流，垃圾填埋场的渗滤液，集中式畜禽养殖等。

水源地点源污染控制的途径主要包括清拆和关闭水源保护区内的非法建筑、企业和入河排污口。对于不能达标排放的排污企业，采用搬迁、关闭或转产等措施，合理安排搬迁保护区内居民，改进生产生活方式，减少污染物排放量，推行清洁生产，提高水的循环利用率，完善污染物排放标准和管理法律法规体系，加强执法力度，集中处理重点污染源和优先控制污染物，推广工业废水和生活污水的生态治理与污水回用技术，整治集中式畜禽养殖等。

3.2.1.1 生活污水处理

城镇生活污水处理要根据污染源排放的途径和特点，因地制宜地采取集中处理和分散处理相结合的方式。通过对方案的技术、经济分析比较，得出最佳设计方案。对于建有下水管网的城镇，宜采用生活污水集中处理方案，这样既节省建设投资和运行费用，又可达到较好的处理效果，占地面积小，易于管理；对于下水道系统尚未普及的地区，可采用集中处理和分散处理相结合的方案，具体做法视情况而定；对于没有下水道系统的地区，只能先采用点污染源分散治理的方法，同时应加强集水沟渠等的建设，将污水汇集到处理设施处，尽量避免生活污水直接进入天然水体造成污染，如有条件，可将下水道系统的建设纳入规划。另外，以湖库为受纳水体的新建城镇污水处理设施，必须采取脱氮、除磷工艺，现有的城镇污水处理设施应逐步完善脱氮、除磷工艺，提高氮和磷等营养物质的去除率，稳定达到国家或地方规定的城镇污水处理厂出水执行的污染物排放标准。

提出各污水处理厂（站）每年可削减污染物量，包括 COD、氨氮、总氮、总磷等污染物的削减量。污水处理厂投入运营后的运行费主要靠收取城市污水处理费等措施，确保形成良性运行，污水处理后就近用于城镇环境用水。

3.2.1.2　工业点源治理

由于不合理的工业结构和粗放型的发展模式,我国50%以上的水污染负荷来自工业废水,绝大多数有毒有害物质都是由工业废水排放进入水体引起的。加强工业污染治理在一定时期内仍是我国水源地污染防治的重点。对工业废水污染防治必须采取综合性的对策与措施,其中,发展清洁生产及节水减污是控制工业废水污染最重要的对策与措施。我国工业生产正处于发展的关键阶段,应以降低单位工业产品或产值的耗水量、排水量和污染物排放负荷为发展重点。

大力推行清洁生产,推广采取无废少废工艺、废水综合利用工艺、清污分流工艺,加快工业污染防治从以末端治理为主向生产全过程治理的转变。要求企业调整产业结构、用水结构及采取废水回用、综合利用和污水处理工艺,减少废水及污染物排放量。

对于主要工业点污染源的治理技术,应根据具体的排污特点而定。如对于以排放有机物或悬浮物为主的工业污染源,可采用生化、沉淀、气浮等手段进行处理;对于排放重金属、砷等有毒无机物的污染源,可采用沉淀、过滤、离子交换等手段进行处理,但处理后的排水,需采用专用管道排往敏感度较低的水体。

3.2.1.3　人口搬迁

为保护饮用水水源保护区水质,应对位于保护区内的人口进行搬迁,提出搬迁人口数及相应投资。移民搬迁工作应在充分考虑保护区划分时间、群众搬迁意愿、移民安置、环境容量等因素后,解决生活和生产安置问题,区别具体情况逐步实施。

3.2.1.4　集中式禽畜养殖污染控制

根据国家环境保护总局第9号令《畜禽养殖污染防治管理办法》(2001年)规定,禁止在饮用水水源防护区内新建畜禽养殖场,对原有养殖场限期搬迁或关闭。按照水源防护区内目前已有的畜禽养殖场要在3年内限期搬迁或关闭的规定,现状饮用水水源保护区内养殖场搬迁或关闭需制订计划并实施。

暂时不能搬迁的要采取防治措施,严格按照《畜禽养殖业污染防治技术规范》（HJ/T 81—2001）、《畜禽养殖业污染物排放标准》（GB 18596—2001）执行，对畜禽养殖场排放的废水、粪便要集中处理，规模化养殖场清粪方式要由水冲方式改为干捡粪方式；畜禽废水不得随意排放或排入渗坑，必须经过处理后达标排放；畜禽废渣要采取还田、生产沼气、制造有机肥料、制造再生饲料等方法进行综合利用。用于直接还田利用的畜禽粪便，应当经处理达到规定的无害化标准，防止病菌传播。

3.2.2 面源污染控制

3.2.2.1 面源污染研究现状

我国面源污染研究起步较晚，进入 20 世纪 80 年代才逐渐认识到面源污染问题的重要性。20 世纪 80 年代我国的面源污染研究仅是农业面源的宏观特征与污染负荷定量计算模型的初步研究。20 世纪 90 年代以来，农药、化肥模型在农业面源污染研究中占据了主要地位。

我国农业面源污染研究在 20 世纪 80 年代开展的湖泊富营养化调查是面源污染研究的一个分支，先后在大伙房水库、于桥水库、滇池、太湖、松花江湖、巢湖、晋江流域等区域开展了工作；之后在北京以及珠江流域的广州，辽河流域的沈阳，长江中下游流域的上海、杭州、苏州、南京等城市开展了面源污染研究，其中北京城市径流污染研究为最具代表性的面源污染研究；对于畜禽废物污染及管理与研究工作，也在广州、沈阳、上海、苏州等地相继开展。在研究方法上，对面源污染负荷的估算，清华大学傅国伟教授等采取两种方法：①直接立足于污染物在区域地表径流的迁移过程；②通过对水体纳污量的分析计算，推算汇水区的污染物输出量。

我国的面源污染研究尚处于起步阶段，资料条件差，国外的一些复杂模型难以应用。因此，目前很多研究仍采用简单实用的模型来对面源污染负荷进行计算。国内在模型方面已有一些初步的探索，仍处于起步阶段。四川省环保研究所的施为光使用 USLE 方程计算了四川省清平水库流域面源污染负荷，表达了 USLE 方程在山区流域面源污染负荷计算的全过程和参数率定的方法。西安理工大学水资源及环境工程系的李怀恩提出了标准产污量与净雨量相等、产污量过程与净雨过程一致的流域面源产污计算模型。

除模型计算外,也有人利用小区试验法计算流域面源污染负荷。20世纪80年代初,我国学者开始在四川沱江流域选择一块有代表性的小区进行为期一年的径流采样试验,然后将结果推广到全流域,估算出全流域的面源污染负荷。但此方法受资金和天气等条件的制约,除专门的研究外,一般管理部门难以使用。从管理的角度看,希望能使用一些简单模型来估算流域的面源输出。另外,面源污染研究目前在我国尚未延伸到管理政策方面的研究。

3.2.2.2　面源污染及特点

面源污染是指在降雨径流的淋洗和冲刷作用下,大气、地面和土壤中的污染物汇入江河、湖泊、水库、海洋等水体而造成的污染。一般国外文献称为非点源污染,最常见的英文名称是 Non-point Source Pollution(NSP),都是相对于点源污染的叫法,有学者认为"降雨径流污染"或"非点源污染"的提法比较贴切,因为 NSP 包括线源和面源,而"面源污染"一词的概括性不强。无论采用上述哪种提法,大家对这一概念的认识基本是一致的。在本书中沿用国内大多数文献中惯用提法"面源污染"。

与点源污染相比,面源污染具有许多显著不同的特点,归纳起来,主要有以下特点:

(1)发生具有随机性,因为面源污染受水文循环过程(主要为降雨及降雨形成径流过程)的影响和支配,而降雨径流具有随机性,所以由此产生的面源污染必然具有随机性。

(2)污染物来源和排放点不固定,排放具有间歇性。

(3)污染负荷的时间变化(次降雨径流过程、年内不同季节及年际间)和空间(不同地点)变化幅度大。

(4)面源污染往往具有浓度高、负荷量大的特点。

(5)监测、控制和处理困难而复杂,这是由以上几个特点决定的。

3.2.2.3　黄河流域面源污染类型

黄河流域常见面源污染包括降雨地表径流、农田灌溉面源污染、城镇径流、乡村河流垃圾、分散式畜禽养殖五大类型。

（1）降雨地表径流是坡面土壤侵蚀过程的动力因素，也是地面组成物质向外迁移的物质载体。径流携带污染物的数量，取决于降雨强度、地形、土地利用方式和植被覆盖率等。

（2）农田灌溉面源污染主要是指农业生产过程中农田养分的流失，并最终进入地表或地下水体。20 世纪 60 年代以来，农药、化肥的施用，使农业面源污染越来越不容忽视。主要原因是施肥过量、化肥结构不合理和施肥方法不科学。

黄河流域宁蒙灌区历来就是靠黄河水灌溉的农业区，与灌溉伴生的土壤盐碱化问题，通过引黄河水冲洗排盐来解决，大量的农田灌溉排水直接排入河道，造成河水盐分升高，而其下游区域又利用被污染的河水进行灌溉，其结果是使上游灌区排出的盐分通过灌溉又回到农田中，形成盐分污染循环，同时，灌溉排水中还可能携带其他土壤养分（如氮、磷），对河水造成污染。

（3）城镇径流。城市垃圾、粉尘、降尘、落叶以及部分废水等是城镇面源污染的重要来源，由于城镇不透水地面的影响，城镇径流成为产生面源污染不可忽视的因素。

（4）乡村河流垃圾。农村人口增长和生活条件的改善带来生活污水和垃圾产生量逐年增加，目前黄河流域农村大部分地区没有污水和垃圾收集处理系统，遇暴雨形成径流后，大量污染物容易进入水体。

（5）分散式畜禽养殖。农村分散式畜禽养殖废水属于高浓度的有机废水，含有机污染物及氮、磷等营养物质，污染负荷高，由于分散容易被忽视，直接排入江、河、湖后存在使水体富营养化的风险。

3.2.2.4 水源地周边面源污染综合治理

水源地周边面源污染综合整治工程主要包括农田径流污染控制、河道综合治理、生活污染治理和生活垃圾整治等。

（1）农田氮磷流失生态拦截工程：主要包括农业产业结构调整、化肥农药减施工程、灌区节水改造工程、生态沟渠建设、河道综合整治工程等。主要通过坑、塘、池等工程措施，减少径流冲刷和土壤流失。充分利用原有的小型塘堰，用一部分水充塘或者将农田间低洼地改造成塘堰,使农田灌溉排水或暴雨径流不直接排入河沟,而是通过沟渠系统收集到冲塘或洼地塘堰,按照生物净化池设计,配置有水生植物,农田排水中的颗粒物也在此沉降,处理水可回用,多余的水排放,既增加水的循环利用率,也方便农业用水,减少水肥流失,从而达到生物拦截面源污染的目的。

(2)农村固体废弃物资源化利用工程:主要包括小型分散式污水处理厂、田间垃圾收集池、生活垃圾发酵池、垃圾中转站、垃圾填埋场等。对农村生活垃圾和污水采取集中堆放、收集与处理,应结合新农村建设,按要求建设以户为单位的小型污水净化处理设施,以户为单位进行牲畜圈改造与建设,农村生活垃圾集中处理场以村为单位建设。

(3)畜禽养殖场废弃物处理利用工程:主要包括养殖场废水处理工程、废弃物综合利用工程。以建设沼气池为主,使农村畜禽粪尿污水等进入沼气池厌氧发酵,产生的沼气进入储气罐,通过管道输送作为居民生活的清洁能源。沼液作为肥料施入鱼塘、农田、果园或作为作物叶面喷肥等,沼渣制成颗粒有机肥施入农田、鱼塘,用沼渣与作物秸秆栽培作物,把农村地区由传统的"资源—农产品—废物排放"的生产过程转变为"资源—农产品—再资源化"的生产过程,发展循环农业,尽可能减少废物排放。

3.2.3 内源污染控制

3.2.3.1 内源污染来源

内源污染是指由水体内部污染物引发的污染,这些污染物源于水体中污染沉积物(底泥)、养殖、旅游、船舶、富营养化以及大气干、湿沉降等。

(1)沉积物污染释放。沉积物中的污染物在一定的条件下(如厌氧等)向水体释放,其污染物质主要包括氮、磷、铁、锰、有机物、重金属等。同时,对于浅水湖库型水源地,在风浪作用下,沉积泥沙会再次悬浮,造成二次污染。

(2)水产养殖污染。主要指网箱养鱼,由于过度追求鱼类的生产量,网箱养鱼的密度较大,饵料投放过剩,高密度的鱼类生理活动加快了饵料的分解代谢过程。过剩的饵料和鱼类的排泄物是主要的污染物,其成分主要为有机质、氮和磷。

（3）水面旅游污染。主要包括旅游、娱乐过程中产生的废水、固废污染以及旅游船只运行中的油污染。

（4）船舶污染。主要指除旅游船只以外以运输、渔业等为主要功能的机动船舶对水环境的污染。污染物主要包括船上人员的生活废水和固体废物、船舶运行过程中产生的含油废水以及散漏的运送物资等。

（5）富营养化污染。浮游生物利用水体污染物进行光合作用,由于其有固碳和固氮作用,增加了水体有机物和氮负荷,同时,部分藻类能产生藻毒素,对人畜造成毒害。

（6）大气污染。大气的干、湿沉降过程（降尘、降水）可以将大气中的污染物转移到水体中,进入水体中的污染物的种类及数量取决于降尘、降水量和大气质量状况,这与水体所在地的自然地理状况及社会经济活动等因素密切相关。

3.2.3.2　内源污染控制工程

对于饮用水水源地内源污染控制主要是清淤工程、围网养殖清理工程和水体交通运输清理工程。

1. 清淤工程

对底泥污染严重并对水质造成不利影响的水域,以饮用水水源保护区、生态环境敏感区等为重点,根据底泥污染和影响水质的程度拟订底泥清淤方案,提出清淤的范围及厚度、土方量、主要污染物及超标情况等,避免底泥的二次污染。

清淤疏浚是消除内源污染的重要措施。疏浚作为水质治理措施,目前还存在一些难以克服的问题,如一定程度上引起上覆水污染物浓度增加,疏浚后淤泥以其量大、污染物成分复杂、含水量高而难以处理等。生态清淤技术（利用微生物降低内源污染）就是利用微生物分解河床底质中有机碳源及其他营养物质并转化为菌体,促使底泥硝化（减少底泥体积,稳定底泥物理、化学性质,阻隔减少内源污染对水体的影响）。脱氮微生物通过硝化和反硝化作用能分解氨氮,分解后的硝态氮被植物吸收,使部分氮退出水体循环,进而能净化水质。

2. 围网养殖清理工程

水产养殖尤其是网箱养鱼污染对周围水体的影响较大,水平方向将影响 300～500 m;在垂直方向,越是深水处、接近底泥的部位,因沉于底泥的残饵、鱼类粪便的二次污染致使水体污染浓度越大,参照原于桥水库、密云水库网箱养鱼影响测试成果,饵料系数一般为 2.5(鱼每生长 1 kg 需 2.5 kg 饵料),饵料中氮、磷含量分别为 3.29% 和 0.50%,鱼对氮、磷的吸收率分别为 21.7% 和 24%。因此,网箱养鱼对水质影响问题决不可忽视,在饮用水水源保护区应禁止水产养殖,提出水产养殖的类型、数量、养殖品种、单位面积产量,并估算禁止水产养殖后相应的总磷、总氮污染物的削减量。

3. 水体交通运输清理工程

水体中交通运输或旅游容易漏油引起水体油污染,如以旅游为目的的快艇等在运行过程中存在排放含油污水、生活污水等污染水体的活动,根据《中华人民共和国水污染防治法》。在饮用水水源一级保护区内禁止该项活动,二级保护区内采取措施防止污染水体。因此,对于旅游船舶提出清理数量、活动区域、漏油量等。

3.3 生态修复与保护

3.3.1 水生态修复技术

生态修复是利用生态系统原理,采取各种修复受损伤的水体生态系统的生物群体及结构,重建健康的水生生态系统,修复和强化水体生态系统的主要功能,并能使生态系统实现整体协调、自我维持、自我演替的良性循环。实际的生态保护及修复工程包括人工湿地、生态浮床、生态基(人工介质)等。

人工湿地是人工建造和控制运行的与沼泽地类似的地面,利用土壤、人工介质、植物、微生物的物理、化学、生物三重协同作用,对污水进行处理的一种技术。主要功能是净化水质、美化景观。具有缓冲容量大、处理效果好、工艺简单、投资省、运行费用低等特点,目前应用广泛。

人工湿地分为潜流型和表流型,潜流型人工湿地具有水平流、垂直流和复合流等多种形式,具有净化效率高、卫生条件好的优点,但生产应用中存在结构复杂、对进水悬浮物浓度要求高、易堵塞、运行管理复杂、造价高及维护费用高等问题。表流型人工湿地是近自然湿地,由于其对进水悬浮物浓度要求不高、不易堵塞、便于管理、造价低等特点,适合于生产应用。常规表流型人工湿地由壕沟和挺水植物床湿地构成,其氧化－还原的交替环境为微生物降解创造条件。水和污染物通过湿地时与土壤、植物根及根区微生物发生作用,产生截留作用。

生态浮床又称为人工生物浮床、无土栽培浮床、生物浮岛等,是将植物种植于浮于水面的载体上,利用植物根系吸收水体中污染物质,同时植物根系附着的微生物降解水体中污染物,从而有效进行水体修复的技术。生态浮床适用于水质Ⅳ类或劣于Ⅳ类,且有景观需求的部分水域。同时,浮床还可以遮挡部分阳光,降低藻类进行光合作用的光照强度,有效地抑制浮游植物过量繁殖,使水体透明度大幅度提高,水质得到改善。近年,在传统生态浮床的基础上,把人工填料、水生动物等引入生态浮床中,开发了组合型生态浮床技术,对富营养化水源总氮、总磷、总有机碳、叶绿素、总藻毒素和胞外藻毒素均有较好的去除效果。

生态基(人工介质)是一种新型的微生物载体,放置于水体中,提供有利于微生物和水生动物生长的吸附表面,通过生物的新陈代谢作用,降解水体中的有机物,达到净化水质的目的。人工介质可以提高水源地水体微生物富集效果,经人工介质处理后,部分水质指标可以提高1~2个等级,使水体富营养化水平得到降低,对于提高微生物的富集效果、改善水质净化有重要的意义。人工净水草是一种优良的新型人工介质,采用空间网状结构的高分子材料增大比表面积,同时通过分子设计,引入大量活性和强极性基因,将大量的有益菌和酶制剂牢牢固定在介质上,实现微生物的固定化,可实现快速脱氮、提高水体透明度并抑制藻类生长。该人工净水草化学及生物学稳定性强,长期浸泡不会溶出有毒有害物质,不产生二次污染,可广泛应用于湖泊、水库、河道等水源地水质净化工程中。因微生物繁衍速度较慢,故生态基适用于较小水体且水量交换不太频繁的水体。

3.3.2 生态保护及修复工程

对于重要的湖库型饮用水水源保护区,在采取隔离防护及综合整治工程方案的基础上,根据需要和可能,还可有针对性地在主要入湖库支流、湖库周边及湖库内建设生态防护工程,通过生物净化作用改善入湖库支流和湖库水质。但应特别注意生态修复工程中植物措施的运行管理与保障措施,以免对水体水质造成负面影响。

3.3.2.1 入湖库支流生态修复与保护工程

1. 生态混凝土工程

生态混凝土是一种具有特殊结构与表面特性的混凝土,放置于河流中,通过物理、化学和生化作用降解水中的污染物,达到净化水质的目的。生态混凝土一般布置在支流下游地形相对平缓的河段。

2. 生态滚水堰工程

对污染严重且有条件的入湖库支流下游,可建设生态滚水堰工程,形成一定的回水区域,增加水流停留时间,提高水体的含氧量。同时,可根据实际情况在滚水堰上游的湿地和滩地营造水生和陆生植物种植区,提高水体的自净能力。水生植物的选择应以土著物种为主,并适应当地条件,具有较强的污染物吸收能力,便于管理等。

3. 前置库工程

前置库工程是利用水库的蓄水功能,一方面可以减缓水流,沉淀泥沙,同时去除颗粒态的营养物质和污染物质;另一方面通过构建前置库良性生态系统,降解和吸收水体与底泥中的污染物质,改善水质。前置库通常由三部分构成,即沉降系统、导流系统和强化净化系统(主要包括砾石床过滤、植物滤床净化、深水强化净化区、放养滤食性鱼类、岸边湿地建设等)。前置库技术的净化机制可分为沉降、自然降解、微生物降解、水生植物吸收,即进入前置库的水体首先进入由挡板、溢流板隔出的沉淀区进行物理沉降,之后在导流系统的作用下进入主反应区,通过水生植物的截留、吸收作用完成营养盐含量的削减。前置库技术对减少水源地外源有机污染负荷,特别是去除入库地表径流中的氮、磷元素有效且安全,具有广泛的应用前景。

对污染严重且有条件的湖库,尤其是饮用水水源地和保护区等,可在支流口建设前置库。前置库工程中拦河堰的堰址和堰高的选择,既要满足防洪的需要,又要尽可能控制较大的汇流面积,保持足够的库容满足蓄浑放清、改善水质的要求。布置前置库的生物措施应因地制宜,以适应性、高效性和经济性为原则,选择合适的生物物种。

3.3.2.2 湖库周边生态修复与保护工程

该工程主要指滨湖带生态修复工程和生态堤工程。对湖库周边的自然滩地和湿地进行保护与修复。以保护现有生态系统为主,同时在破坏较重区域进行生态修复,选择合适的生物物种进行培育,维护生态系统的良性循环。

3.3.2.3 湖库内生态修复与保护工程

对于生态系统遭受破坏,水污染、富营养化较重、存在蓝藻暴发等问题的湖库,可在湖库内采取适当的生态防护工程措施,保障水源地供水与生态安全。

1. 生态修复工程

在湖库内种植适宜的水生植物(包括浮水植物、挺水植物、沉水植物等)、放养合适的水生动物(包括底栖动物、鱼类等),形成完整的食物网,完善湖库内生态系统结构,使之逐步成为一个可自我维护、实现良性循环、具有旺盛生命力的水生生态系统。

对于采取生态修复工程的湖库型饮用水水源保护区,应考虑提出种植或放养动植物的名称、放养数量、种植面积等,并对其实施效果进行评价。

2. 生物净化工程

在取水口附近及其他合适区域布置生态浮床,选择适宜的水生植物物种进行培育,通过吸收和降解作用,去除水体中的氮、磷营养物质及其他污染物质。生态浮床宜选择比重小、强度高、耐水性好的材料构成框架,其上种植既能净化水质又具观赏效果的水生植物,如美人蕉、水芹、旱伞草等。在受蓝藻暴发影响较大的取水口,应采取适当的生物除藻技术,或建设人工曝气工程,减轻蓝藻对供水的影响。

3.4　隔离防护

为保证饮用水安全,在人群活动较为频繁的一级保护区陆域外围边界设置隔离防护设施。隔离防护设施分成物理隔离和生物隔离两类,物理隔离防护包括护栏、隔离网、隔离墙,生物隔离主要为生态护篱、岸边植物带、生态护坡(岸)。

3.4.1　物理隔离

通过建设围栏、围网或公路防撞网(栏)、隔离墙等措施对一级保护区或二级保护区进行隔离,强制隔离人类、牲畜等活动范围,减小对水体的影响,适用于饮用水水源地附近有较多人类和牲畜活动的区域。但是会造成视觉的阻隔,对景观有一定的影响。围栏可采用钢制、铸铁等坚固且防锈蚀的材质,防护网可采用钢板网或绿篱围网。防护网建设长度应根据具体情况确定,也可与一级保护区边界长度相等,高度不应小于 1.8 m,见图 3-1。

图 3-1　防护网

3.4.2　生物隔离

生物隔离可阻止居民接近水源水域及实施其他违法行为,同时可通过植物根系的吸收和吸附作用,吸收水体中的氮、磷等元素,提高水体自净能力,改善局部水质。比较常见的有岸边植物带、生态护篱、生态护坡(岸)。

岸边植物带是利用乔木、灌木及草本植物及其组合沿岸边种植形成的带状植物带,隔离人类活动、拦截垃圾、防治水土流失。岸边植物带可起到绿化环境、调节气候、保持水土、美化景观的作用。河流水库岸带是水源水质最后的保护屏障,在陆地与水体之间增加湿地面积或建造植被缓冲带,其功能如下:一是阻滞地表径流瞬时大量涌入,减轻洪峰所带来的影响;二是稳固陆地与水体间的土壤,防止长期侵蚀后的水土流失;三是过滤径流所带来的污染物(氮、磷养料),防止污染物过多而影响水体水质,进而预防养料过剩所造成水域生态系统的破坏。

生态护篱是由陆生植物(以灌木为主)和水生植物(包括挺水植物、浮叶植物和沉水植物)沿岸边不同水位形成带状分布,一般布设在正常水位附近。适用于水源地岸边水流流速和水位变幅较小的区域,生态护篱需加强后期维护,才能达到良好的效果。

生态护坡(岸)是采用一种具有生态功能的土工袋进行护坡建设,土工袋由一系列复合材料制成,袋内填充物由植物种子、土壤及营养材料组成。适用于水源地岸坡不稳定或岸坡岩石裸露、无土层的区域。生态护坡(岸)具有以下特点:①一般由多孔材料制作,具有很强的透水性,具有良好的洪水存储功能;②生态护岸应用的植物根系能固定土壤,叶子可以截留雨水,从而保护坡度、净化水质;③自然的外观,与环境相协调,视觉效果良好;④成本低,不要求长期的维护和管理。

3.5 宣传警示标志

重要饮用水水源地应在饮用水水源保护区的边界设立明确的地理界标和明显的警示标志,主要包括界碑、交通警示牌和宣传牌。饮用水水源保护标志应参照《饮用水水源保护区标志技术要求》(HJ/T 433—2008)的规定执行,标志应明显可见。

3.5.1 界碑

在保护区的地理边界(人群活动易见处,如交叉路口、绿地休闲区等)设立界标,用于标识水源地及保护区范围并起到警示作用。

3.5.2　交通警示牌

交通警示牌分为道路警示牌和航道警示牌,用于警示车辆、船舶或行人进入饮用水水源保护区道路或航道需谨慎驾驶及需采取的其他措施。警示牌设在保护区的道路或航道驶入及驶出点。水源保护区内公路主干道的道路两旁,应每隔一定距离设置警示标志,横穿保护区的公路、桥梁需视情况增加警示牌的数量。其中,道路警示牌和航道警示牌的具体设立位置应分别符合《道路交通标志和标线》(GB 5768—2009)和《内河助航标志》(GB 5863—93)的相关要求。

3.5.3　宣传牌

根据水源地实际需要,为保护当地饮用水水源,对周边居民、企业等和过往人群进行宣传教育而专门设立的标志牌。

第4章 饮用水水源地安全保障达标建设非工程措施

4.1 保护区划分

根据《中华人民共和国水法》(2016)第三十三条"国家建立饮用水水源保护区制度。省、自治区、直辖市人民政府应当划定饮用水水源保护区,并采取措施,防止水源枯竭和水体污染,保证城乡居民饮用水安全",饮用水水源地需依法划定水源保护区,现阶段保护区划分主要参照《饮用水水源保护区划分技术规范》(HJ/T 338—2007)开展技术工作,在水源地安全保障达标建设考核时需提供相关批复文件。

4.2 法规制度

4.2.1 法律法规

从我国饮用水安全保障立法的现状来看,虽然没有专门对饮用水安全的法律,但在《中华人民共和国环境保护法》(2014)、《中华人民共和国水污染防治法》(2017)、《中华人民共和国水法》(2016)、《饮用水水源保护区污染防治管理规定》(1989)、《中华人民共和国水污染防治法实施细则》(2000)、《中华人民共和国城市供水条例》(1994)以及《取水许可制度实施办法》(1993)等法律法规、部门规章中都涉及饮用水安全保障的规定。重要的比如《中华人民共和国水法》(2016)第三十三条"国家建立饮用水水源保护区制度。省、自治区、直辖市人民政府应当划定饮用水水源保护区,并采取措施,防止水源枯竭和水体污染,保证城乡居民饮用水安全",第三十四条"禁止在饮用水水源保护区内设置排污口"。《中华人民共和国水污染防治法实施细则》(2000)中明确生活饮用水地表水源一级保护区内的水质,适用国家《地表水环境质量标准》(GB 3838—2002)Ⅱ类标准;二级保护区内的水质,适用国家《地表水环境质量标准》(GB 3838—2002)Ⅲ类标准等。这些法律法规为我国今后饮用水安全保障立法的完善积累了经验,对饮用水安全保障起着十分重要的作用。

按照全国饮用水水源地保护法律法规要求,各地方政府也制定了相关法规、规章,如《四川省饮用水水源保护管理条例》(2012)、《吉林省城镇饮用水水源保护条例》(2012)、《安徽省城镇生活饮用水水源环境保护条例》(2001)、《陕西省城市饮用水水源保护区环境保护条例》(2002)等保护条例。各地市也积极响应水源地保护要求,如《郑州市城市饮用水源保护和污染防治条例》(1999)、《镇江市饮用水源地保护条例》(2016)、《黄冈市饮用水水源地保护条例》(2016)、《潍坊市潍河主河道及水源地管理保护规定》(1998)、《山东省青岛市生活饮用水源环境保护条例》(2002)、《威海市饮用水水源地保护办法》(2015)、《枣庄市饮用水水源保护管理办法》(2014)、《海门市集中式饮用水源地保护管理规定》(2010)等法规、规章,为当地水源地保护工作奠定了法律基础,发挥了较好的作用。

我国现行法律法规中有关饮用水水源地保护法规见表4-1。

4.2.2 管理制度

饮用水水源所在地人民政府应建立水源地安全保障部门联动机制,实行资源共享和重要事项会商制度;制定水源地保护的相关法规、规章或办法并贯彻实施;编制应对突发性水污染事件、洪水和干旱等特殊条件供水安全保障应急预案并定期演练、贯彻实施;建立水源地保护管理人员、物资、技术保障体系并切实可行;配备专职管理人员并设立专门经费,加强工作培训。

表 4-1 我国饮用水水源地保护法规体系

类别	法规名称	相关条款	颁布时间 （年-月-日）	实施时间 （年-月-日）	颁布机关
国家 法律	中华人民共和国 环境保护法	第十七条 第二十条 第五十条	1989-12-26 2014-04-24	2015-01-01	全国人大 常委会
	中华人民共和国 水污染防治法	第三条 第七条 第五十六条 第五十七条 第五十八条 第五十九条 第六十条 第六十一条 第六十二条 第六十三条 第七十五条 第八十一条	2008-02-28 2017-06-27	2008-06-01	全国人大 常委会
	中华人民共和国 水法	第三十三条 第三十四条 第六十七条	2016-07-02	2016-07-02	全国人大 常委会
	中华人民共和国 水土保持法	第三十一条 第三十六条	2010-12-25	2011-03-01	全国人大 常委会
	中华人民共和国 固体废物污染 环境防治法	第二十二条	2004-12-09	2005-04-01	全国人大 常委会

类别	法规名称	相关条款	颁布时间 （年-月-日）	实施时间 （年-月-日）	颁布机关
行政 法规	中华人民共和国 城市供水条例	第二章	1994-07-19	1994-10-01	国务院
	国务院关于落实 科学发展观加强 环境保护的决定	第十一条	2005-12-03	2005-12-03	国务院
	关于加强城市 供水节水和水污染 防治工作的通知	第四条	2000-11-07	2000-11-07	国务院
	关于加强饮用水 安全保障 工作的通知	第三条	2005-08-17	2005-08-17	国务院
	国务院关于实行 最严格水资源 管理制度的意见	第十四条	2012-01-12	2012-01-12	国务院
	中共中央 国务院 关于加快水利 改革发展的决定	第四条 第二十一条	2010-12-31	2010-12-31	中共中央 国务院
部门 规章	饮用水水源 保护区污染 防治管理规定	全文	1989-07-10	1989-07-10	国家环境 保护局、 卫生部、 建设部、 水利部、 地矿部
	生活饮用水 卫生监督 管理办法	第十三条 第十五条 第二十六条	1996-07-09	1997-01-09	建设部、 卫生部

类别	法规名称	相关条款	颁布时间 (年-月-日)	实施时间 (年-月-日)	颁布机关
部门规章	入河排污口监督管理办法	第十四条 第十八条 第二十一条	2004-10-10	2005-01-01	水利部
	取水许可管理办法	第二十条	2008-03-13	2008-03-13	水利部
	突发环境事件信息报告办法	第四条 第十三条	2011-03-24	2011-05-01	环境保护部
	全国城市饮用水水源地环境保护规划（2008～2020年）	第三章	2010-06	2010-06	环境保护部、国家发展和改革委、住房和城乡建设部、水利部、卫生部
	关于开展全国重要饮用水水源地安全保障达标建设的通知	全文	2011-06-21	2011-06-21	水利部
	关于做好2012年度全国重要饮用水水源地达标建设有关工作的通知	全文	2012-07-11	2012-07-11	水利部
	全国重要饮用水水源地安全保障达标建设目标要求（试行）	全文	2011-06-21	2011-06-21	水利部
	关于公布全国重要饮用水水源地名录的通知	全文	2011-04-25	2011-04-25	水利部

类别	法规名称	相关条款	颁布时间 （年-月-日）	实施时间 （年-月-日）	颁布机关
标准 规范	饮用水水源保护区 划分技术规范 （HJ/T 338—2007）	全文	2007-01-09	2007-02-01	国家环保总局
	地下水质量标准 （GB/T 14848—93）	第七条	1993-12-30	1994-10-01	国家技术监督局
地方 规范	南宁市饮用水 水源保护条例	全文	2013-11-22	2014-07-01	南宁市人 大常委会
	上海市环境 保护条例	第四十一条	2005-10-28	2006-05-01	上海市人大 常委会
	江苏省长江水 污染防治条例	第四章	2004-12-17	2005-06-05	江苏省人大 常委会
	江苏省人民 代表大会常务 委员会关于 加强饮用水 水源地保 护的决定	全文	2008-01-19	2008-03-22	江苏省人大 常委会
	银川市人民 代表大会 常务委员会 关于加强饮用水 水源地保护 的决定	全文	2011-05-25	2011-05-25	银川市人大 常委会
	浙江省饮用水 水源保护条例	全文	2011-12-13	2012-01-01	浙江省人大 常委会
	四川省饮用水水源 保护管理条例	全文	2011-11-25	2012-01-01	四川省人大 常委会

类别	法规名称	相关条款	颁布时间 （年-月-日）	实施时间 （年-月-日）	颁布机关
地方规范	深圳经济特区饮用水源保护条例	全文	1994-12-26 2012-10-29	2012-10-29	深圳市人大常委会
	兰州市城市生活饮用水源保护和污染防治办法	全文	2010-11-30	2011-01-01	兰州市人大常委会
	上海市饮用水水源保护条例	全文	2009-12-10	2010-03-01	上海市人大常委会
	青海省饮用水水源保护条例	全文	2012-03-28	2012-06-01	青海省人大常委会
	合肥市饮用水水源保护条例	全文	2011-02-28	2011-06-01	合肥市人大常委会
	安徽省城镇生活饮用水水源环境保护条例	全文	2001-07-28	2001-10-01	安徽省人大常委会
	山西省水资源管理条例	第十九条 第二十条 第二十一条 第二十二条	2007-12-20	2008-03-01	山西省人大常委会
	陕西省水资源管理条例	第五章	1991-01-29	1991-01-29	陕西省人大常委会
	北京市水污染防治条例	第四章	2010-11-19	2011-03-01	北京市人大常委会
	吉林省城镇饮用水水源保护条例	全文	2012-03-23	2012-05-01	吉林省人大常委会
	海南省饮用水水源保护条例	全文	2013-05-30	2013-08-01	海南省人大常委会

续表 4-1

类别	法规名称	相关条款	颁布时间（年-月-日）	实施时间（年-月-日）	颁布机关
地方规范	贵州省饮用水水源环境保护办法（试行）	全文	2013-07-24	2013-09-01	贵州省人民政府
	福建省流域水环境保护条例	第二章	2011-12-02	2012-02-01	福建省人大常委会
	常德市农村生活饮用水水源保护管理办法	全文	2008-03-17	2008-03-17	湖南省常德市人民政府
	湖北省水污染防治条例	第三章	2014-01-22	2014-07-01	湖北省人大常委会
	甘肃省环境保护条例（修正）	第四章	2004-06-04	2004-06-04	甘肃省人大常委会
	天津市水污染防治管理办法	第三章	2004-06-21	2004-07-01	天津市人民政府
	石家庄市水资源管理条例	第三章	2010-11-26	2011-05-01	河北省石家庄市人大常委会
	黑龙江省环境保护条例	第三十条	1994-12-03	1995-04-01	黑龙江省人大常委会
	西藏自治区饮用水水源环境保护管理办法	全文	2004-11-25	2005-01-01	西藏自治区人民政府
	沈阳市城市供水用水管理条例	第八条第九条	2012-07-27	2012-09-01	沈阳市人大常委会
	江西省水资源条例	第三章	2006-03-30	2006-05-01	江西省人大常委会
	河南省水污染防治条例	第二章	2009-11-27	2010-03-01	河南省人大常委会
	乌鲁木齐市饮用水水源保护区管理条例	全文	2002-03-29	2002-05-01	乌鲁木齐市人大常委会

4.3　监测监控

为实施实时监测、控制水源地水质与水量安全状况,提高风险预警能力,建立完善的监测监控系统十分必要。监测监控一般包括常规监测、在线监测、应急监测、视频监控和信息传输系统。采用人工监测和自动监测相结合的手段采集数据源,利用现代化通信传输、计算机网络、数据库、系统管理等技术手段对突发性污染事故、水质水量变化和水源工程等情况进行监控,保障城市居民的饮水安全。

4.3.1　常规监测

饮用水水源地常规监测指按照《地表水环境质量标准》(GB 3838—2002)或者《地下水质量标准》(GB/T 14848—93)中规定的基本项目(集中式地表水源地需要监测补充项目)开展的水质监测工作;对于取水口水质,全年达到或优于Ⅲ类标准的次数应不小于80%;水质监测频次方面,河道型、湖库型水源地要求监测频次达到每月至少2次,地下水型水源地每月至少1次。

水质常规监测实验室例图见图4-1。

图4-1　水质常规监测实验室例图

4.3.2　在线监测

为提升饮用水水源地水质保障水平,建立水质在线监测系统。水质在线监测系统是一套以在线自动分析仪器为核心,运用现代传感器技术、自动测量技术、自动控制技术、计算机应用技术以及相关的专用分析软件和通信网络所组成的一个综合性的在线自动监测体系。利用水质在线监测,可以实现水质的实时连续监测和远程监控,达到及时掌握主要流域重点断面水体的水质状况、预警预报重大或流域性水质污染事故、解决跨行政区域的水污染事故纠纷、监督总量控制制度落实情况及排放达标情况等目的。

　　水质在线监测技术正在发展中,比较成熟的常规监测项目有水温、pH、溶解氧(DO)、电导率、浊度、氧化还原电位(ORP)、流速和水位等。目前用得比较多的是常规监测五参数、表征有机污染程度参数、表征氮污染程度参数、表征磷污染程度参数和生物毒性参数,作为饮用水水源地的在线监测参数。在大中型地表水供水水源地建立自动监测站(见图4-2),根据水源地实际情况正确选择水质监测参数是保证供水安全的重要环节。

图4-2　水质自动监测站例图

4.3.3　应急监测

　　水质应急监测是为了迅速了解污染事故后水质受污染的状况,根据数据预测水质未来(短期)变化,根据水质恶化的程度,确定水质警戒级别及相应的安全保障预案(紧急状态),防止发生由于水污染带来的人身伤害事故。根据水质变化情况,实时优化和调整应急处置措施,在保证安全的情况下尽早恢复正常状态,以尽可能地减少污染事故带来的经济损失。

　　我国水质应急监测工作起步较晚,与发达国家相比尚有明显的差距。直到 20 世纪末,随着国民经济的快速发展,在污染事故的发生率直线上升的情况下,相关部门才开始应急监测技术开发工作,监测部门逐步配备了一些水质应急监测设备,如移动监测车、便携式监测仪器等在水源地突发水污染事故中结合常规加密监测得到广泛应用。

饮用水水源地应具备应急能力,在水源地高风险区域附近建设应急物资储备库,储备库的位置以半小时内应急物资能够到达事故现场为宜。同时,应建立水源地周边,如公路,可能泄露的处置技术、处置方案及专家储备库,确保一旦事故发生,可以在最短时间将污染物及其危害控制在最小影响范围。此外,水源地发生突发事件时,应具备及时开展加密监测(增加监测项目和监测频次,具体视突发事件性质而定)的应急监测能力,并应具有符合监测资质条件的专门监测单位。

4.3.4 视频监控

水源地视频监控信息化系统,实时监测、控制水源地水质与水量安全状况,提高风险预警能力,利用现代化通信传输、计算机网络、系统管理等技术手段,对突发性污染事故、水质水量变化和水源工程等情况进行监控与预报,协助保障居民饮水安全。

4.4 应急预案

为保证水源地安全,水源地供水调度中应优先满足饮用水供水要求,能确保相应保证率下取水工程正常运行所需水量和水质要求,并且制订特殊情况下的水源地水源配置和供水联合调度方案。

在地方政府的统一领导下,成立地方突发饮用水水源地事故应急工作领导小组,明确责任,落实分工。

发生突发事件后:迅速上报—切断取水和供水—启用备用水源—快速出动—现场控制—加密监测—现场调查—情况上报—定时发布信息—污染跟踪—应急结束。

参考《国家突发公共事件总体应急预案》,根据集中式饮用水水源地突发环境事件的严重性和紧急程度,将突发环境事件分为四级:特别重大(Ⅰ级)、重大(Ⅱ级)、较大(Ⅲ级)和一般(Ⅳ级)。

凡符合下列情形之一者即为特别重大事件:

(1)水源地突发事件,造成水厂供水困难甚至无法供水,受影响人口占供水人口的50%以上,且持续时间10 d以上;

(2)水源地供水困难,受影响人口达到供水人口的30%以上,且持续时间达30 d以上。

凡符合下列情形之一者即为重大事件:

(1)水源地突发事件,造成水厂供水困难甚至无法供水,受影响人口占供水人口的50%以上,且持续时间6～10 d;

(2)水源地供水困难,受影响人口达到供水人口的30%以上,且持续时间达20～29 d;

(3)水源地供水困难,受影响人口达到供水人口的20%以上,且持续时间达30 d以上。

凡符合下列情形之一者即为较大事件:

(1)水源地突发事件,造成水厂供水困难甚至无法供水,受影响人口占供水人口的50%以上,且持续时间1～5 d;

(2)水源地供水困难,受影响人口达到供水人口的30%以上,且持续时间达10～19 d;

(3)水源地供水困难,受影响人口达到供水人口的20%以上,且持续时间达20～29 d;

(4)水源地供水困难,受影响人口达到供水人口的10%以上,且持续时间达30 d以上。

凡符合下列情形之一者即为一般事件:

(1)水源地供水困难,受影响人口达到供水人口的30%以上,且持续时间达1～9 d;

(2)水源地供水困难,受影响人口达到供水人口的20%以上,且持续时间达1～19 d;

(3)水源地供水困难,受影响人口达到供水人口的10%以上,且持续时间达5～29 d。

实行重要饮用水水源地突发事件应急调查处理与报告制度。相关省(区)水行政主管部门负责黄河流域重要饮用水水源地Ⅰ级突发事件应急调查处理工作的实施,并报同级人民政府和流域主管机构;重要饮用水水源地所在地水行政主管部门负责Ⅱ级及以下突发事件应急调查处理工作的实施,并报同级人民政府。应急调查内容包括:

(1)事件发生的时间、地点、过程;

(2)事件发生的原因;

(3)事件性质(水量、水质、工程运行、其他)、影响范围和演进过程;

(4)已经造成的损失和影响;

(5)已经采取的措施和效果。

水源地主管部门或单位应在接到突发事件通知后1 h内赶赴事件现场,并及时制订应急处理方案,2 h内上报所在地水行政主管部门。发生Ⅰ级突发事件时,水源地主管部门或单位同时上报相关省(区)水行政主管部门,省(区)水行政主管部门在接到报告2 h内报同级人民政府和流域主管机构。

重要饮用水水源地突发事件应急处理结束2 d内,水源地主管部门或单位编制突发事件应急调查处置报告,并报所在地水行政主管部门。Ⅰ级突发事件,同时报相关省(区)水行政主管部门,联合审查无误后,报流域主管机构。报告应包括以下主要内容:

(1)发生的时间、地点、过程及影响的范围;

(2)发生的原因;

(3)采取的措施和效果;

(4)造成的损失和影响;

(5)意见与建议。

流域重要饮用水水源地突发重大水污染事件时,按照《黄河重大水污染事件应急调查处理规定(试行)》《黄河重大水污染事件报告办法(试行)》等执行。

4.5 管理体制机制

目前,水源地管理涉及水利、环保、建设等多部门,以各个部门的饮用水水源地管理职能的清晰界定为基础,通过联席会议、定期会晤、构建信息共享平台等方式,实现承担饮用水水源地管理职责的各个部门间信息沟通与协调合作,地方水源地管理部门与流域管理部门建立联合管理机制。流域机构应建立对跨界水源地的协调管理机制,不断探索建立上下游生态补偿机制,保护好水源地安全。

近年来,生态补偿制度作为水源地保护的经济手段之一,不断进行积极探索。广义生态补偿包括对污染水源的补偿和水资源生态功能的补偿;狭义生态补偿则专指对水资源生态功能或生态价值的补偿,包括对因开发利用水资源而损害生态功能,或导致生态价值丧失的单位和个人收取经济补偿费(税),对为保护和恢复水生态环境及其功能而付出代价、做出牺牲的单位和个人进行经济补偿。补偿的目的是调动水源地生态与环境保护者的积极性,促进水源保护的利益驱动机制、激励机制和协调机制。生态补偿的目的在于对损害或保护生态环境的行为,因其行为带来的外部不经济性或外部经济性,进行收费或补偿,提高该行为的成本或收益,从而激励损害环境行为的主体减少或保护行为的主体增加,进而达到保护资源的目的。

4.6 应急演练

4.6.1 演练目的

水源地突发环境事件应急演练的主要目的是完善水源地应急防控措施,发现水源地防控措施存在的缺陷,从而进一步保障水源地的环境安全,确保供水安全,具体包括以下几点:

(1)检验"水源地突发环境事件应急预案"的有效性;

(2)促进相关部门联动,明确各部门在应对水源地突发环境事故时的职责；

（3）强化群众宣传，增强人民群众在面对水源地突发环境事件时的认识，避免出现恐慌或群体性事件。

演练组织方可以根据需求强化某个方面的演练目的，如需加强群众宣传的，可以通过各类媒体对演练进行全方面报道，达到全方位宣传的目的。

4.6.2 演练组织

4.6.2.1 演练组织机构

水源地突发环境事件应急演练通常由环保部门（代本级政府）组织承办，其主要工作任务如下：

（1）确定演练的具体方式，如实战演练、桌面推演或实战与推演相结合；

（2）制订演练的整体规划，主要包括演练内容策划、演练地点选择、演练方案及脚本编制等；

（3）负责演练的现场协调，具体包括现场布置，协调现场各参演部门按照职责有序开展工作，确保演练过程的顺利开展；

（4）提供演练的综合保障，监督各项保障工作落实到位，主要包括对指挥通信保障、车辆及装备保障、物资器材保障、培训保障、经费保障、信息管理系统保障等各后勤保障工作的监督。

4.6.2.2 演练场景设计

演练场景主要模拟可能发生的水源地突发环境事件，可以以近年发生水源地污染事件的成因为蓝本设计演练场景。例如：松花江水污染事件（企业突发事件次生水源地污染）、汉江武汉段水污染事件（农业面源排放造成水源地污染）、富春江水污染事件（陆路交通事故造成水源地污染）、镇江水污染事件（水上事故造成水源地污染）、广西龙江镉污染事件（企业非法排污造成水源地污染）等。因此，根据水源地突发环境事件的成因，演练场景可设计成以下几类：企业突发事件次生环境污染进而造成水源地污染、水（陆）化学品运输交通事故造成水源地污染、企业违法排污造成水源地污染、农业面源排放造成水源地污染、非法倾倒危险废物造成水源地污染等。

4.6.2.3 演练指挥机构与参演单位

根据"水源地突发环境事件应急预案"的规定,确定演练的指挥机构及总指挥。演练场景设计不同,涉及相关参演部门也不同,主要涉及的参演部门包括公安、安监、消防、环保、交通(海事)、水利(水务)等。演练组织过程中,组织机构应充分征求各相关部门的意见,各部门根据本部门应对水源地突发环境事件的职责,对演练的方案提出修改意见,在演练实施过程中,各参演单位应在演练指挥机构的统一协调指挥下开展相关处置动作。

4.6.3 演练流程

水源地突发环境事件应急演练,由于其示范效应,相较于事故处置,应更注重其程序性。按照水源地突发环境事件应急预案,演练程序主要包括应急响应、应急处置及应急终止(见图4-3)。

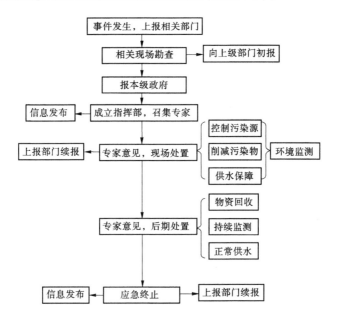

图 4-3 水源地突发环境事件应急演练主要流程

4.6.3.1 应急响应

水源地突发环境事件演练主要模拟政府部门的应急响应。按照预案规定主要包括以下程序：

（1）接到事件报告后，第一时间报告"水源地突发环境事件应急预案"所指应急指挥部办公室。

（2）办公室接报后，安排专业人员了解现场情况，并建议预警等级，成立应急指挥部。

（3）应急指挥部组织相关职能部门实施处置措施，根据应急处置的需要，紧急调集人员、储备物资、调配交通工具以及相关设施、设备，实施抢险、救灾等工作。

4.6.3.2 应急处置

应急处置主要包括污染源的控制和污染物的削减、环境监测及供水保障，环境监测为污染源控制、污染物削减及供水保障提供监测数据支持。值得注意的是，演练内容不同，应急处置采取的措施也不同，但均要在演练中突出专家组的作用，各处置措施应经专家组研判及认可后开展。

4.6.3.3 应急终止

演练应根据"水源地突发环境事件应急预案"应急终止的条件及程序，在现场处置基本完成，污染情况得到完全控制，经监测，发生环境安全事件的水系水质得到恢复，事件对供水系统的影响已经消除，供水系统全面恢复正常后，经专家组确认，按照应急终止程序应急终止。

4.6.4 演练的总结

在演练结束后，由演练总指挥、相关领域专家或者水源地环境安全的相关领导在演练现场有针对性地对演练进行评价总结。主要包括演练目标完成情况、参演队伍及人员的表现、演练中暴露的问题、解决问题的办法等。演练的组织机构也应在演练后对演练及时进行总结，发现问题、解决问题，为下次演练需强化哪些方面提供依据。

4.7 资金保障

水源地保护工作是长期持续性事宜,需要不断投入资金加强该项工作。从国家层面需出台相关政策,设立水源地达标建设专项经费,形成稳定的资金保障机制,对机构建设、队伍建设、信息系统建设、科研培训、综合治理等方面给予经费保障。同时,地方政府应通过水资源费、环境污染治理费等加大水源地保护资金,确保水源地安全。

4.8 应急备用水源地

应急备用水源地是指发生自然灾害和突发水污染事件时,饮用水水源地水量、水质遭到破坏,造成一定时期内无法正常供水而带来灾难性后果时需要启用的水源地。《国务院办公厅关于加强饮用水安全保障工作的通知》(国办发〔2005〕45 号)已明确要求建立健全水资源战略储备体系,大中城市要建立特枯年或连续干旱年的供水安全储备,规划建设城市的备用水源,制订特殊情况下的区域水资源配置和供水联合调度方案。按照《全国重要饮用水水源地安全保障达标建设目标要求(试行)》,应建立应急备用水源地,能满足一定时间内生活用水需求,并且具有完善的接入自来水厂的供水配套设施。安全保障达标建设考核时,应提供备用水源地建设的相关批复文件、设计规模、运行情况以及配套供水设施的相关设计文件、现场照片等档案材料。

备用水源形式多样,关键要因地制宜,如建设备用水库、采取城镇区域供水、城市周边水库蓄水、丰水期向地下注入经过处理的洁净水等方式。而备用水源必须平时维护,才能在应急时发挥实效,且应保证至少在一定时间内(至少应有几天的缓冲期)能够实现紧急代偿。

各省级行政区要建立健全水资源战略储备体系,备用水源地建设应遵循以下原则:

(1)优先在超过 500 万人口以上的特大城市建立备用水源地,其次是中小城市。

（2）饮用水水源单一的城市，应拟订城市应急和备用饮用水水源方案，建立特枯年或连续干旱年的供水安全储备，规划建设城市备用水源，制订特殊情况下的区域水资源配置和供水联合调度方案。

（3）城市用水要优先使用地表水，减少地下水利用。考虑地下水水质稳定、不易污染等因素，将地下水作为应急水源相对安全。

（4）城市有多个水库型水源地时，两个水库型水源地可互为城市备用水源。

（5）备用水源地规模要适度，备用水源主要保障在应急情况下城市基本的用水需求，特别是人畜饮用水、医院和食品生产等民生用水需求，而不是整个城市的全部用水，避免不必要的浪费。

（6）备用水源地水质应满足人饮水质目标要求，平时加强保护，以备特殊情况下供水需要。

下篇　黄河流域重要饮用水
水源地安全保障达标建设
试点实践与探索

第5章 典型饮用水水源地安全保障达标建设试点

为树立全国饮用水水源地达标建设标杆,水利部通过中央分成水资源费项目选取全国典型饮用水水源地开展了安全保障达标建设示范工作。黄河流域2014~2015年通过专项资金实施黄河流域典型饮用水水源地安全保障达标建设示范项目,以期达到以点带面,立足省(区)、带动流域的效果,对保障黄河流域重要水源地安全起到不可或缺的标杆示范作用。在省(区)水利部门相应配套资金的情况下,水源地达标建设工程的实施能够促进水源地逐步实现"水量保证、水质合格、监控完备、制度健全"的目标。

5.1 黄河流域集中式饮用水水源地总体概况

根据《黄河流域水资源保护规划》调查统计数据,流域建制市和县级城镇(含县城和其他县镇)集中式饮用水水源地共592个,综合供水规模31.26亿 m^3/a ,总供水人口5 955万人(见表5-1)。流域城市饮用水水源地分为地下水型、河道型和水库型,其中以地下水型水源地为主,其水源地个数、供水人口、供水量分别占流域水源地总量的63.0%、51.7%和44.1%。

现状年黄河流域城市饮用水水源地水质总体良好,水质达标水源地个数、供水人口、供水量分别为507个、5 327万人、27.48亿 m^3/a (见表5-2),占流域总量的88.0%左右。其中,列入全国重要饮用水水源地水质达标个数、供水人口、供水量分别为19个、2 113万人、13.4亿 m^3/a 。

表 5-1　黄河流域城市饮用水水源地基本情况

省(区)	水源地合计			河道型			水库型			地下水型		
	个数	供水量（亿 m³/a）	供水人口（万人）	个数	供水量（亿 m³/a）	供水人口（万人）	个数	供水量（亿 m³/a）	供水人口（万人）	个数	供水量（亿 m³/a）	供水人口（万人）
青海	32	1.11	143	13	0.13	23	2	0.07	11	17	0.91	109
四川	2	0.01	2	2	0.01	2	0	0			0	
甘肃	108	3.12	777	38	1.95	404	22	0.42	132	48	0.75	241
宁夏	38	1.55	392	4	0		7	0.08	17	31	1.48	375
内蒙古	65	5.80	601	7	2.89	64	2	0.10	3	59	2.81	534
山西	106	4.08	1 158	22	0.14	16	4	0.63	260	95	3.31	883
陕西	126	8.12	1 257	9	0.78	161	58	5.30	802	46	2.04	295
河南	87	5.15	932		2.55	426	19	0.50	89	59	2.10	418
山东	28	2.32	693		0		10	1.94	470	18	0.38	222
合计	592	31.26	5 955	95	8.45	1 096	124	9.04	1 784	373	13.78	3 077

表5-2 黄河流域城市达标饮用水水源地统计

省（区）	达标水源地			河道型			水库型			地下水型		
	个数	供水人口（万人）	供水量（亿 m³/a）	个数	供水人口（万人）	供水量（亿 m³/a）	个数	供水人口（万人）	供水量（亿 m³/a）	个数	供水人口（万人）	供水量（亿 m³/a）
青海	30	133	1.07	13	23	0.13	2	11	0.07	15	99	0.87
四川	2	2	0.01	2	2	0.01	0	0	0	0	0	0
甘肃	101	743	3.03	35	395	1.93	18	107	0.35	48	241	0.75
宁夏	26	332	1.24	0	0	0	5	11	0.06	21	321	1.18
内蒙古	40	385	3.94	2	51	1.92	1	0	0.01	37	334	2.01
山西	89	1 047	3.68	7	16	0.14	2	244	0.55	80	787	2.99
陕西	116	1 164	7.63	21	141	0.75	56	794	5.28	39	229	1.60
河南	75	829	4.56	9	426	2.55	19	89	0.50	47	314	1.51
山东	28	692	2.32	0	0	0	10	470	1.94	18	222	0.38
合计	507	5 327	27.48	89	1 054	7.43	113	1 726	8.76	305	2 547	11.29

现状年黄河流域水质不达标水源地个数、供水人口、供水量占流域总数的 12.0% 左右。其中,水质不合格的地下水型水源地占 18% 左右,主要分布在内蒙古、宁夏、山西、河南等省(区);水库型、河道型水质不合格水源地占 3% 左右,主要分布在甘肃、宁夏、内蒙古、山西和陕西等省(区)。不达标水源地中仅一般污染物超标的水源地 45 个,涉及供水人口 244 万人。

据不完全统计,目前黄河流域共建有应急备用水源地 99 个,水质总体较好,60.0% 左右水源地现状水质满足 Ⅲ 类标准,应急供水能力为 139.0 m³/s。现状 74.3% 水源地已划为饮用水水源保护区,其中,青海、甘肃、宁夏、河南等省(区)的水源地划为饮用水水源保护区比例较高。流域仅 25.8% 水源地编制了水源地应急预案。

5.2 技术思路

黄河流域典型水源地安全保障达标建设示范技术路线见图 5-1。根据水源地供水人口、供水城市、水质水量安全状况、在流域重要水源地中的地位等,确定筛选原则,按照筛选原则明确试点水源地,开展现场查勘及安全状况评价。依据水利部《关于开展全国重要饮用水水源地安全保障达标建设的通知》(水资源〔2011〕329 号)及水源地达标评估指标体系,识别出水源地存在的主要问题,提出水源地保护工程及非工程措施,编写实施方案,并进行工程设计和非工程措施研究,按照工程设计要求实施达标建设工程。

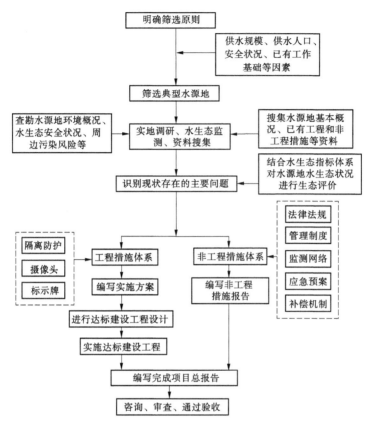

图 5-1 黄河流域典型水源地安全保障达标建设示范技术路线

5.3 选取原则

（1）达标建设工作基础扎实。本次项目实施为水利部中央分成水资源费专项资金用于支持水源地达标工程建设,在水源地已有达标建设工作基础扎实的基础上给予补贴性质的资金,共同达到保护水源地安全的目标。

（2）水源地类型具备代表性。水源地分为河道型、水库型和地下水型,其中地下水型涉及因素多,水文地质状况复杂,由于土壤净化作用,相对不易受到污染,一旦受到污染后长时间难以恢复水质;水库型相对封闭,便于管理和工程施工;河道型易受上游来水水质和排污口影响,且易发生水污染事故。综上,本次筛选河道型和水库型水源地开展达标建设。

(3)供水城市为重要城市。考虑供水城市的重要性,分为省会城市、地级市和县级市,省会城市水源地一旦发生突发水污染事件影响面广,应优先保证省会城市供水安全。

(4)达到一定供水规模。水源地供水人口达到 20 万人以上,供水规模具有一定影响性。

综上,按照筛选原则确定典型水源地:河道型——河南邙山提灌站水源地和水库型——陕西石头河水库水源地共两处饮用水水源地作为达标建设示范项目。

第6章 典型饮用水水源地安全保障达标建设过程

6.1 典型饮用水水源地基本情况

根据筛选原则分别筛选河道型——邙山提灌站水源地和水库型——石头河水库水源地实施达标建设工程。

6.1.1 邙山提灌站水源地

郑州邙山提灌站始建于 1970 年,为河道型水源地,引水口位于黄河桃花峪引黄闸,1、2 号沉沙池位于郑州市西北 20 km 处黄河生态旅游风景区内,提灌站始引水系统从 1972 年 10 月启用,1979 年开始向郑州市区的柿园水厂供水,设计取水量 37 万 m³/d,综合生活供水量 5 793 万 m³/a,供水人口 260 万人,供水保证率 100%,承担着郑州西区 70% 的生产和生活用水。水源工程包括提水系统和供水系统,其中提水系统将黄河水经泵提升后,经站前、大刘沟沉沙池,通过隧洞及明渠将水送至石佛沉沙池,然后输送至柿园水厂,每年向郑州市供水 0.6 亿~1.5 亿 m³,是郑州市城市供水的主要支柱。邙山提灌站供水系统主要由供水工程和输水干渠组成,供水工程包括引水渠、一级沉沙池、二级沉沙池、泵站提水、24 km 输水明渠以及输水暗管、三级沉沙池、四级沉沙池等部分组成。输水干渠由主线和复线组成,郑州邙山提灌站至西流湖输水干渠为输水主线,途经大刘沟沉沙池、枯河、石佛沉沙池(东西沉沙池)、西流湖沉沙池。郑州邙山提灌站至石佛沉沙池输水干渠为复线,途经大刘沟沉沙池、枯河、石佛沉沙池(东西沉沙池)。整个输水干渠复线基本实现全程贯通,达到双回水供水,保障饮用水安全。邙山提灌站水源地实景见图 6-1。

自 2009 年以来,郑州邙山提灌站饮用水水源地主要从隔离防护、污染治理、监测监控方面开展了安全保障达标建设。

提水泵站

桃花峪引黄闸

1 号沉沙池

2 号沉沙池

自动监测站

2 号沉沙池已有道路监控设备

输水明渠

石佛沉沙池

图 6-1　邙山提灌站水源地实景

（1）投资 199 万元在一级保护区实施生物隔离措施。2009 年在饮用水水源地一、二级沉沙池周边建设生物隔离带,工程总投资 199 万元。

（2）投资约 1.2 亿元对输水明渠进行改造。将输水干渠主线大刘沟至石佛沉沙池输水干渠段原有的砖砌渠道改造为混凝土结构,在邙山提灌站至枯河段的明渠两侧加装防护网和警示牌,防止沿渠村民往渠道倾倒污物,污染水源,2011 年底已完工。

（3）景区内实施截污工程,投资 400 万元建设污水处理站。水源地位于景区内,为避免景区内生产、生活污水对黄河水体造成影响,建设小型污水处理站一座,处理过的水用于景区绿化浇灌,实现污水零排放。

（4）一级保护区边界设立宣传警示牌。在一级水源地保护区共设立水源地保护区界桩 230 块、警示标牌 13 块、水法宣传牌 6 块、水源地保护区界标 8 块。

（5）投资 336 万元在一、二级沉沙池周边道路建设水源地保护监控系统。实施后实现 24 h 道路监控,约束居民行为。

（6）建设自动监测站一座,完善水源地监测管理信息系统。实现水质自动监控,建设涵盖水质监测、数据服务、基本信息管理、视频监控和系统管理的监测管理信息系统,实现基本信息采集、分析及数据处理功能,有效保护了水源地安全。

6.1.2　石头河水库水源地

石头河水库位于渭河一级支流石头河上,地处陕西省宝鸡市眉县、岐山、太白三县交界处,东经 107°39′,北纬 34°10′。水库坝高 114 m,最大水面面积 320 万 m^2,总库容 1.47 亿 m^3,有效库容 1.2 亿 m^3,设计年供水能力 2.76 亿 m^3,是一座集防洪、农业灌溉、城市供水、水力发电等综合利用的大（Ⅱ）型水利工程。水库枢纽工程始建于 1969 年,1981 年下闸蓄水,1996 年 7 月开始向西安市供水,2009 年 12 月开始向咸阳市供水,2013 年开始向宝鸡市供水,目前承担着向西安、咸阳、宝鸡、杨凌四市（区）以及岐山县五丈原镇供水的任务,供水人口 1 300 万人。2006 年 11 月眉太公路建成通车,公路在库区流域段有 52 km,日车流量最高时达到 3 000 ~ 4 000 辆。石头河水库水源地实景见图 6-2。

库区　　　　　　　　　　　坝下

下游危险品检查站　　　　　　　库尾

库周眉太公路　　　　　　大坝左岸已有隔离围栏

已有宣传警示牌 (1)　　　　　　已有宣传警示牌 (2)

图 6-2　石头河水库水源地实景

石头河水库从水质监测、水源涵养、宣传警示、隔离防护、法规制度等方面开展了安全保障达标建设。

(1)定期水质监测。自 2002 年来，委托陕西省环境检测中心宝鸡分中心每旬对水库水质进行分析监测化验，石头河水库水源地近三年的水质各项指标均符合饮用水Ⅲ类以上标准要求。

(2)水源涵养。成立水保园林绿化站，负责水源安全及库区绿化管理。投资 300 万元在枢纽地区 60 余亩闲置土地上修建了苗圃，每年出资 30 万 ~ 50 万元，春秋季对库区进行植树绿化，同时，积极争取资金在库区实施水土保持生态综合治理工程，涵养水源。

(3)宣传警示。在库区设置警示牌，禁止在水库内游泳、放牧、垂钓和洗涤，禁止危险化学品车辆通行。

(4)隔离防护。争取资金在库区周边设置物理隔离网，减少人为活动对水库水质的影响。

(5)法规制度建设。2008 年陕西省政府第 30 次常务会议正式通过了《陕西省石头河水库引水系统保护管理办法》，同年，陕西省公安厅、陕西省水利厅联合下发了《关于禁止运送危险化学品车辆通行眉太公路石头河流域的通告》(陕公通字〔2008〕63 号)，并在库区下游姜眉公路上设立了水源安全检查站，成立了眉县公安局石头河派出所，进行日常巡查和 24 h 上路检查有毒有害物品车辆，有效杜绝了上行车辆危险品污染水质风险。

6.2 现状调查评价及问题识别

6.2.1 现状基础调查评价

6.2.1.1 邙山提灌站水源地

邙山提灌站水源地由郑州市黄河生态旅游风景区管委会下设的郑州黄河供水旅游公司主管。根据 2013 年水源地达标评估监测数据，邙山提灌站水质为Ⅱ ~ Ⅲ类(硫酸盐除外)，供水保证率 100%，已划分水源地保护区并获河南省人民政府批复，一级保护区、二级保护区及准保护区适宜绿化的陆域植被覆盖率均达到80%。饮用水水源保护区水域现状已建立巡查制度,一级保护区实行逐日巡查,二级保护区实行不定期巡查,已制订应急预案及管理制度,达标建设工程相对完善,急需建立自动在线监控设施,对饮用水水源地取水口和重要供水工程设施未实现24 h自动视频监控及在线监测。

6.2.1.2 石头河水库水源地

陕西省水环境监测中心宝鸡分中心对石头河水库水质进行定期监测,从近10年的监测情况看,各项指标满足《地表水环境质量标准》(GB 3838—2002)的Ⅰ级水质标准,现状水质良好。1999年6月陕西省人民政府批准公布了石头河水库水源保护区,2009年陕西省政府颁布实施了《陕西省石头河水库引水系统保护管理办法》(陕西省人民政府令第137号),2010年石头河水库灌溉管理局以陕石管发〔2010〕98号印发了《陕西省石头河水库灌溉管理局突发水污染事件应急预案》,现状已实施部分物理隔离、警示牌和监控设施保护工程,并在下游设置水源安全检查站检查上行车辆。

6.2.2 水生态现状调查评价

水生生物对水体条件变化的响应特别灵敏,是水质监测的重要生物类群,有些种类直接用作环境监测的指示生物。为了解水源地水生态状况,探索水生生物与水质污染的关系,以期建立水源地水生态指标体系,服务于重要饮用水水源地达标建设工作。考虑经济因素及水生生物采样的难易程度,分别于2014年、2015年4~6月平水期在两个水源地各开展了1次浮游植物、浮游动物调查,初步结合水质资料分析了水源地水生态状况,2015年又进一步采用生物粒径谱方法研究了水源地浮游生物粒径组成和数量分布的空间差异性,探讨评价了水源地水生态系统的功能状况和稳定性,更好地服务于水源地管理。

6.2.2.1 采样点设置与测定方法

2014年邙山提灌站水源地在引水渠道、沉沙池、石佛沉沙池共设置7个采样点,石头河水库在库尾、库中、支流入口、坝前共设置6个采样点。

2015 年邙山提灌站水源地在桃花峪引黄闸,一、二级沉沙池,引水渠道共设置 4 个采样点;石头河水库水源地依次在库尾、库中和坝前共设置 3 个采样点。

采样点设置见表 6-1、表 6-2。

表 6-1 邙山提灌站水源地采样点设置

监测时间	样点编号	样点信息	东经(°)	北纬(°)	备注
2014 年6 月	S1	桃花峪引黄渠下	113.4886944	34.95827778	
	S2	提灌站一级沉沙池	113.4930556	34.95863889	
	S3	提灌站一、二级沉沙池交汇处	113.4961389	34.95750000	
	S4	提灌站二级沉沙池前段	113.4976944	34.95780556	
	S5	提灌站二级沉沙池后段	113.5071667	34.95563889	
	S6	三级沉沙池后的引水渠	113.5178056	34.92316667	
	S7	石佛沉沙池(柿园水厂取水口)	113.5716389	34.82088889	
2015 年5 月	ZS1	桃花峪引黄渠下	113.4886944	34.95827778	同 2014 年S1 采样点
	ZS2	提灌站一级沉沙池	113.4930556	34.95863889	同 2014 年S2 采样点
	ZS3	提灌站二级沉沙池后段	113.5071667	34.95563889	同 2014 年S5 采样点
	ZS4	三级沉沙池后的引水渠	113.5178056	34.92316667	同 2014 年S6 采样点

表 6-2　石头河水库采样点设置

监测时间	样点编号	样点信息	东经(°)	北纬(°)	备注
2014 年 4 月	S1	石头河水库坝前 50 m	107.6469878	34.16557306	
	S2	石头河水库坝前	107.6441667	34.16294444	
	S3	石头河水库库中	107.6455556	34.15916667	
	S4	石头河水库库中	107.6428375	34.15035639	
	S5	石头河水库库尾	107.6456528	34.13512028	
	S6	石头河水库库尾（靠近河床）	107.6445542	34.12910083	
2015 年 5 月	SS1	石头河水库坝前 50 m	107.6469878	34.16557306	同 2014 年 S1 采样点
	SS2	石头河水库库中	107.6428375	34.15035639	同 2014 年 S4 采样点
	SS3	石头河水库库尾（靠近河床）	107.6445542	34.12910083	同 2014 年 S6 采样点

　　样品分别进行定性、定量分析,其中浮游植物和小型浮游动物(原生动物、轮虫)定性分析用 25 号浮游生物网采集,定量分析用 2.5 L 采水器采集。采集后现场立刻以鲁哥氏液固定(一般每升水加 15 mL 鲁哥氏液),然后定量样品室内沉淀浓缩至 30~50 mL,采用显微镜计数法进行定量计数和计算;定性样品直接在显微镜下鉴定种类,并做好记录。大型甲壳类(枝角类、桡足类)定性样品用 13 号浮游生物网采集,定量样品用采水器采集,方法同浮游植物,样品现场按每 100 mL 水样加 4 mL 甲醛溶液保存。

　　水生生物现场采样见图 6-3。

图6-3　水生生物现场采样图

6.2.2.2　水生生物监测结果

1.邙山提灌站水源地

1)浮游植物

2014年共采集到浮游植物104种(属),分属6门。邙山提灌站水源地浮游植物种类组成以硅藻为主,占49.04%,其次是绿藻(32.69%)和蓝藻(11.54%),其余门类的藻类所占比例较小(见表6-3)。浮游植物细胞密度变动范围为134 726~740 035 cells/L,平均值为435 642 cells/L。从空间变化上看,黄河取水口(S1)藻类密度

表6-3 邙山提灌站水源地各门类浮游植物种(属)数和所占比例

调查时间	项目	蓝藻门	金藻门	硅藻门	甲藻门	裸藻门	绿藻门	合计
	属	9	1	22	2	2	16	52
2014年	种	12	1	51	2	4	34	104
	百分比(%)	11.54	0.96	49.04	1.92	3.85	32.69	100.00
	属	5	1	25	1	1	12	45
2015年	种	9	1	47	1	2	22	82
	百分比(%)	10.97	1.22	57.32	1.22	2.44	26.83	100.00

最低;经过沉沙处理,藻类密度在一、二级沉沙池 S3、S4、S5 采样点处迅速上升(见图6-4);经数十千米输水干渠引水后,水流流速明显加大,藻类密度再次下降。至石佛沉沙池,再次变为静水水体,藻类密度相对略有回升,优势种相应演替为小席藻,由于多种蓝藻均能产生藻源异味物质,对此现象应该引起足够重视。藻类生物量变化趋势与密度变化趋势一致。

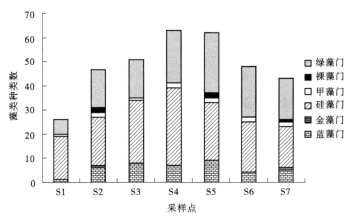

图6-4 2014年邙山提灌站水源地浮游植物种类数空间异性

2015 年共采集到浮游植物 82 种(属),分属 6 门。邙山提灌站水源地浮游植物种类组成以硅藻为主,共47种(属),占57.32%,其次是绿藻22种(属)(26.83%)和蓝藻9种(10.97%),其余金藻、裸藻、甲藻类所占比例较小(见表6-3)。浮游植物细胞密度变动范围为221 646~848 772 cells/L,平均值为469 367 cells/L。从空间变化上看,黄河取水口(ZS1)藻类密度最低;经过沉沙处理,藻类密度在一、二级沉沙池ZS2、ZS3采样点处迅速上升(见图6-5);经数十千米输水干渠引水后,水流流速明显加大,藻类密度再次下降。优势种由单一的硅藻演变为硅藻、蓝藻和绿藻等多种门类藻类。沿程变化趋势与2014年基本一致。

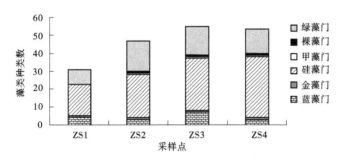

图6-5　2015年邙山提灌站水源地浮游植物种类数空间异性

2)浮游动物

2014年邙山提灌站水源地共采集到浮游动物40属62种,包括原生动物19种,轮虫14属25种,浮游甲壳动物13属18种。邙山提灌站浮游动物的丰度以原生动物占绝对优势,而生物量则以轮虫所占比例最高,原生动物和浮游甲壳动物比例相对很小。在空间分布上,提灌站一级沉沙池S2采样点轮虫种类数最多(14种),桃花峪引黄渠下S1采样点未发现轮虫分布。

2015年邙山提灌站水源地共采集到浮游动物33属40种,包括原生动物10属12种、轮虫9属12种、浮游甲壳动物14属16种。浮游动物生物量变动范围为105.1~3 179.2 μg/L,平均值为1 182.1 μg/L,其中轮虫生物量平均值为1 074.5 μg/L(见表6-4)。从丰度来看,邙山提灌站水源地浮游动物以浮游甲壳类为主;从生物量来看,则以轮虫所占比例最高;在空间分布上,提灌站一级沉沙池ZS3采样点轮虫种类数最多(10种),引水口 ZS1 采样点最低。总体规律与 2014 年基本一致。

表6-4　邙山提灌站水源地各采样点浮游动物生物量　（单位:μg/L）

类群	S1	S2	S3	S4
原生动物	6.6	6.0	45.7	10.0
轮虫	13.2	138.9	3 049.1	35.5
枝角桡足类	85.3	48.3	84.4	128.3
合计	105.1	193.2	3 179.2	173.8

2.石头河水库水源地

1）浮游植物

2014 年共采集到浮游植物 59 种（属）,分属 6 门,以硅藻为主,占 62.71%,其次是裸藻（13.56%）和绿藻（11.86%）,其余藻类所占比例 较小（见表6-5）。具有明显优势地位（细胞密度占浮游植物总密度超 过20%）的藻类主要为膝曲裸藻,其密度在坝前至库尾均占明显优势。 浮游植物细胞密度变动范围为 156 456 ~ 240 776 cells/L,平均值为 208 620 cells/L。空间变化表现出从库尾至坝前逐渐降低的趋势,生物 量的空间变化与浮游植物细胞密度变化趋势一致。在空间差异上,库 中的 2 个采样点 S4、S3 原生动物种类数最多（分别为 13、14 种）,其余 采样点种类数相对较少,在 4 ~ 9 种,坝前的 S2 采样点种类数最少（4 种）,见图6-6。

表6-5　石头河水库水源地各门类浮游植物种（属）数和所占比例

调查时间	项目	蓝藻门	硅藻门	隐藻门	甲藻门	裸藻门	绿藻门	合计
2014 年	属	1	16	1	2	1	7	28
	种	3	37	2	2	8	7	59
	百分比(%)	5.08	62.71	3.39	3.39	13.56	11.86	100.00
2015 年	属	1	15	2	2	0	5	25
	种	2	38	3	2	0	8	53
	百分比(%)	3.77	71.70	5.66	3.77	0	15.09	100.00

2015年共采集到浮游植物53种(属),分属5门,其中硅藻15属38种,占71.70%,以硅藻为主;其次是绿藻(15.09%)和隐藻(5.66%),其余藻类所占比例较小(见表6-5)。具有明显优势地位(细胞密度占浮游植物总密度超过20%)的藻类主要为绿藻门的狭形纤维藻,其密度在坝前至库尾均占明显优势,最高可达58.09%。2015年石头河水库水源地浮游植物种类空间异性见图6-7。

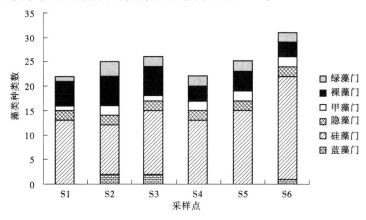

图 6-6　2014 年石头河水库水源地浮游植物种类空间异性

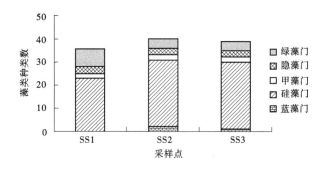

图 6-7　2015 年石头河水库水源地浮游植物种类空间异性

两年单次监测结果对比分析,石头河水库浮游植物优势种由2014

年的膝曲裸藻演替为绿藻,水库优势藻的年度变动规律可能与调水运行有一定相关,尚待进一步研究。

2)浮游动物

2014 年石头河水库共采集到浮游动物 34 属 42 种,包括原生动物 13 属 18 种、轮虫 14 属 16 种、桡足类 4 属 5 种、枝角类 3 属 3 种。从丰度上看,原生动物占绝对优势,但从生物量看,原生动物在上游库尾所占生物量比例较大,到库中和坝前,轮虫、浮游甲壳动物开始占有较大比例。

2015 年石头河水库共采集到浮游动物 36 属 46 种,包括原生动物 18 属 22 种、轮虫 11 属 12 种、浮游甲壳动物 7 属 12 种。从丰度上看,原生动物占绝对优势,但从生物量看,大型的浮游动物所占生物量比例较大,从库尾至库中、坝前,轮虫、浮游甲壳动物所占生物量比例逐渐递增,见表6-6。总体规律与 2014 年基本一致。

表6-6　石头河水库水源地各采样点浮游动物生物量

（单位：µg/L）

类群	SS1	SS2	SS3
原生动物	137.67	87.08	42.67
轮虫	367.37	257.65	66.85
浮游甲壳动物	59.86	46.24	59.96
合计	564.90	390.97	169.48

6.2.2.3　浮游生物生态评价结论

1.浮游生物生态评价指标体系及年度结论

以浮游植物、浮游动物(原生动物、轮虫、枝角类、桡足类)为研究对象,根据 Person 相关性分析、冗余度分析,结合专家判断法,最终筛选出 6 个参数构建浮游生物完整性评价指标体系(见表6-7),结合当地水域特征,建立计算指标分数使用表,评估水生态系统的平均分数,完成浮游生物完整性评价(见表6-8)。

表6-7　水源地浮游生物入选参数的赋值计算公式

编号	参数名称	赋值公式
1	藻类密度	$(740\ 000 - 藻类密度)/(740\ 000 - 134\ 700)$
2	藻类平均个体重量	藻类平均个体重量/5.347
3	藻类生物多样性指数	藻类生物多样性指数/2.646
4	%浮游动物/浮游植物	（%浮游动物/浮游植物）/0.036
5	%水华藻类	$(0.875\ 4 - \%水华藻类)/0.875\ 4$
6	%不可食藻类密度	$(0.579 - \%不可食藻类密度)/0.579$

表6-8　水源地浮游生物完整性评价分级标准

P-IBI分值范围	≥4.34	3.25～4.34	2.17～3.25	1.08～2.17	≤1.08
水生态健康等级	优	良	中	差	劣

2014年邙山提灌站水源地生态安全等级为良好。生物完整性评价分值为2.844～4.292,其中石佛沉沙池蓝藻门的小席藻优势度较高,可能存在一定风险;按目前已有资料,水质评价等级为中等。2015年邙山提灌站水源地的生态安全等级为良—中,生物完整性评价分值为2.868～3.954,4个采样点的水生态评价等级为良—中,由于各采样点水生生境差异较大,其水生态健康状况表现出较大的空间差异性,较2014年生态安全等级有所下降(见图6-8)。

2014年石头河水库水源地生态安全等级为优。生物完整性评价分值为4.779～5.420,生物完整性处于优—良状态;水质监测频率较高,监测状况良好,生境状况优良。2015年石头河水库水源地生态安全等级为良,生物完整性评价分值为3.697～3.947,3个采样点的水生态评价等级均为良。3个采样点的分值变动幅度很小,表明整个库区的水生态健康状况比较接近,整体水平良好,较2014年略有下降(见图6-8)。

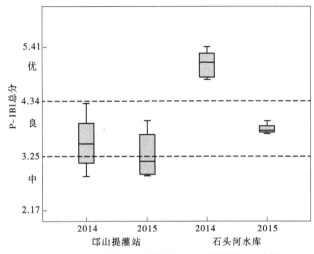

图 6-8 不同年度水源地 P-IBI 评价结果对比

2. 浮游生物生态评价结论对比分析

综合 2014～2015 年单次的完整性评价结果分析:

(1)邙山提灌站水源地的水生态状况一直维持在相对较为脆弱的状态,且年际间呈下降趋势。由于一、二级沉沙池为完全受控的人工水体,水体交换率异常频繁导致浮游生物完整性评价指数偏低。至输水干渠 S4 水体形态变为流水后,水生态状况才逐渐好转。建议针对提灌站的脆弱生态情况,加大提灌站各级沉沙池和输水干渠的管理与日常维护工作。

(2)2015 年石头河水库的 P-IBI 评价结果相对 2014 年略有下降。经分析该原因是 2015 年石头河的藻类密度(2015 年 5 月藻类密度平均为 5.32×10^5 个/L) 相对 2014 年同期(2.09×10^5 个/L)有一定上升,同时 2015 年 5 月藻类个体小型化明显,建议石头河水库将藻类监测列入水质监测指标之一。

(3)浮游生物完整性评价可较好地反映黄河流域水源地的水生态健康状况,并补充发现水质数据难以反映的水生态问题。该评价方法在黄河流域水源地的水生态评价中有一定的推广应用价值。

6.2.2.4 水生生境评价

1. 评价标准

从自然生境、人类干扰程度两方面筛选指标如表6-9所示,综合开展分析评价。

表6-9 水源地生境状况评价标准

一级指标	二级指标	评价等级				
		优	良	中	差	劣
自然生境	植被覆盖度(%)	≥80	60~80	40~60	20~40	<20
	植被分布	连续分布	半连续分布	丛状分布	分散分布	无植被分布
	岸带侵蚀状况	无明显侵蚀	少量侵蚀,<20%	中度侵蚀,20%~50%	极度侵蚀,50%~80%	绝大部分侵蚀,≥80%
人类活动影响	岸带土地利用类型	农业用地、绿地和水体面积≥75%	75%>农业用地、绿地和水体面积≥50%,城镇设施用地≤25%	50%>农业用地、绿地和水体面积≥25%,25%<城镇设施用地<50%	农业用地、绿地和水体面积<25%,城镇设施用地≥50%	其他
	护岸措施	植被完好,无土壤裸露	植被保持一般,部分土壤裸露,或采用人工草皮护岸	植被退化,主要为芦苇、木桩等,或人工砌石护岸	无防护型,河水直接冲刷护岸土壤,或钢筋混凝土护岸	无护岸
	潜在污染源	无污染	污染影响不超过评价区的5%	污染影响不超过评价区的10%	污染影响不超过评价区的30%	污染影响超过评价区的30%

2. 评价结果

依据现场监测调查情况,对调查区域的生境指标进行赋值,再取各项二级指标分值的评价值作为一级指标分值,然后根据一级指标权重计算出最终结果(见表 6-10)。

表 6-10　2 处水源地生境指标评价结果

一级指标	二级指标	石头河水库水源地				邙山提灌站水源地			
		2014 年赋值	评价等级	2015 年赋值	评价等级	2014 年赋值	评价等级	2015 年赋值	评价等级
自然生境	植被覆盖度	100	优	100	优	70	良	70	良—中
	植被分布	95		95		70		70	
	岸带侵蚀状况	80		85		75		60	
人类活动影响	岸带土地利用类型	100		100		40		40	
	护岸措施	70		85		40		40	
	潜在污染源	100		100		80		60	

从生境评价结果看,2014 年、2015 年石头河水库生境状况均为优,管理相对完善。邙山提灌站水源地生境状况由 2014 年的良下降到 2015 年的良—中,主要原因可能为 5 月输水干渠发生大面积塌陷,抢修期干渠内杂物增加影响水生生境。

从水质监测结果看,2014 年石头河水库同期水质监测因子均达到 I 类标准要求,评价等级为优;2015 年石头河水库同期水质因子除高锰酸盐指数达 II 类标准外,其余水质指标均达到 I 类水质标准。总体上水质评价等级为良。

邙山提灌站水源地同期水质缺乏有关资料,下游 20 km 左右的花园口水源地同为河道型水源地,中间没有排污口,水质监测数据具有较好的一致性。2014 年花园口水源地监测结果表明,COD、高锰酸盐指数、溶解氧因子评价结果均为 II 类水质,水质评价等级为良;2015 年花园口水源地监测结果表明,高锰酸盐指数、COD 为Ⅱ类标准,其余水质指标均达到Ⅰ类水质标准,评价等级为良。

从单次监测结果看,水质与浮游生物完整性具有一定的相关关系,鉴于时间有限,本次研究有关结论仅针对 2014 年、2015 年单次监测及评价结果开展相关分析,还存在很多不确定因素,有待今后开展长期监测及相关研究。

6.3 达标建设工作开展过程

6.3.1 达标建设目标及总体任务

6.3.1.1 达标建设目标

总体目标:按照水利部要求,经过连续 5 年开展达标建设工作,力争实现"水量保证、水质合格、监控完备、制度健全"的目标。

项目实施目标:项目实施年度为 2014 年 1 月至 2015 年 12 月共 2 年,完善水源地保护已有措施,提出针对性强的非工程措施,初步掌握水生生物状况,达到重要水源地达标建设标杆示范作用的总体目标。其中,石头河水库对道路车辆及附近村民达到宣传警示和隔离防护的作用,通过加密监控、物理隔离,起到约束过往车辆运输安全及村民行为的目的,水源地安全得到进一步保障。邝山提灌站水源地沉沙池实现 1 号沉沙池、2 号沉沙池水面监控,印发宣传手册,达到对游客行为警示、水源地保护宣传和隔离防护的作用,切实预防游客活动对水质造成影响。

6.3.1.2 总体任务

按照全国重要饮用水水源地安全保障达标建设"水量保证、水质合格、监控完备、制度健全"的要求,石头河水库水源地和邝山提灌站水源地达标建设的总体任务如下。

(1)石头河水库水源地:①对水源保护区采取隔离防护措施,分别在一级保护区、二级保护区采用浸塑网、刺铁丝网隔离防护措施。②在水源保护区采取生物防护措施,退耕还林和植树植草。③采取工程防护措施对小流域进行综合治理,设立面源污染处理措施和下行车辆检查站等。④设立实时监测预警设施,继续完善现有监控设施,建设水质监测化验站等。

(2)邙山提灌站水源地:①在饮用水水源地一级保护区建设生物隔离带,在24 km的输水明渠两侧加装防护网。②目前郑州邙山提灌站水源地至石佛24 km输水干渠的下游——石佛沉沙池处仅安装有一套水质监测系统,上游未安装水质监测自动报警系统,需在提灌站站前提水池、星海湖沉沙池、一级沉沙池处各安装一套水质自动监测装置,一旦出现水质异常,可实现提前预知、警告,以便采用应急处理措施。③根据全国重要饮用水水源地水质安全保障达标建设的要求,加强郑州邙山提灌站饮用水水源地管理,在一级沉沙池滩区四周安装视频监控系统进行24 h、全方位监管和掌控;在提灌站至西流湖供水干渠建立安全监控系统,实现对整个供水渠道的全方位监控。④在郑州邙山提灌站水源地至枯河复线明渠部分安装24 h监控系统,明渠部分加装防护网和警示标牌。

6.3.2　建设内容

(1)石头河水库水源地:2014年实施车辆安全警示牌4块、居民宣传警示牌4块、物理隔离网1 500 m、视频监控系统6处。2015年实施车辆安全警示牌5块、LED宣传显示屏1个、物理隔离网900 m、视频监控系统4处,印发水源地保护宣传册。

(2)邙山提灌站水源地:2014年在1号沉沙池北岸建设生物隔离防护工程800 m,在2号沉沙池北岸布设标示宣传牌10块,建设监控设施10处。2015年在1号沉沙池东岸建设生物隔离防护工程200 m、1号沉沙池周边建设监控设施7处,印发水源地保护宣传册。

6.3.3　工程设计

6.3.3.1　设计原则

(1)实用性。系统在满足工程中所要求的功能和水准,并且符合国内外有关规范的前提下,达到系统实现容易、操作方便的要求。

（2）可扩展性。由于系统设计时要考虑系统的可扩展性、未来设备的兼容,系统主机要有可扩展余地。

（3）先进性。在满足实用性和可靠性的前提下采用最先进的系统,具有一定前瞻性,符合计算机技术和网络通信技术最新发展潮流,且相当成熟的系统。

（4）专业性。充分考虑大坝道路的特殊性,进行综合设计并突出专业性。

（5）开放性。遵循系统开放的原则,各系统应提供符合国际标准的软硬件、通信、网络和数据库管理系统等诸方面的接口与工具,使系统具备良好的灵活性、兼容性、扩展性和可移植性。

（6）安全性。系统应具备设施安全性、可靠性和容错性,使沿途监控系统的运行能正确无误地实现。

（7）服务性。系统应适应多功能、外向性的要求,突出便利性和舒适性。

（8）经济性。在实现先进性、实用性、可靠性的前提下,充分考虑系统的经济效益,使未来系统在性能与价格比上在同类系统和条件中达到最优。

（9）智能化。系统中采用的产品和系统本身必须具有智能特征,比如自主编程、记忆功能、主动检测等;前端设备与系统必须有良好而可靠的通信能力和故障自动检测、报警功能等。

（10）数字化。数字化信号具有受干扰小、线路损耗小、便于存储、方便升级等优点,因此选取数字化电视监控系统。

（11）网络化。监控系统中所采用的产品和系统,必须与计算机网络技术相结合,实现各个子系统的信息共享,才能适应时代的前进、技术的进步,满足更广范围巡查的要求。

（12）易操作。系统的前端产品和系统软件均具有良好的学习性和操作性。特别是操作性,应使一般水平的管理人员,在粗通电脑操作的情况下通过培训能掌握系统的操作要领,达到能完成监控任务的操作水平。

6.3.3.2 设计依据

(1)《LED显示屏测试方法》(SJ/T 11281—2003);

(2)《通信单模光纤系列》(GB 9771—88);

(3)《安全防范工程程序与要求》(GA/T 75—2008);

(4)《民用闭路监视电视系统工程技术规范》(GB 50198—1994);

(5)《涉外建筑建设项目安保电视系统设计规范》(DBJ 08-16—1999);

(6)《民用建筑电气设计规范》(JGJ/T 16—2008);

(7)《安全防范系统通用图形符号》(GA/T 74—2000);

(8)《智能建筑设计标准》(GB/T 50314—2006);

(9)《视频安防监控系统工程设计规范》(GB 50395—2007);

(10)《有线电视系统工程技术规范》(GB 50200—94);

(11)《建筑物防雷设计规范》(GB 50057—2010);

(12)《综合布线系统工程设计规范》(GB 50311—2007);

(13)《电工电子产品外壳防护标准》(GB 4208—1993);

(14)《信息技术设备的安全》(GB 4943—2001);

(15)《微型计算机通用规范》(GB 9813—2000);

(16)《公路交通安全设施设计规范》(JTGD 81—2006);

(17)《供配电系统设计规范》(GB 50052—2009);

(18)《输电线路钢管杆制造技术条件》(DL/T 646—1998);

(19)《通信机房静电防护通则》(YD/T 754—95);

(20)《彩色电视图像质量主观评价方法》(GB 7401—97);

(21)《安全防范系统验收规则》(GA 308—2001);

(22)《视频安防监控系统技术要求》(GA/T 367—2001)。

6.3.3.3 隔离防护设计

隔离防护措施要结合水源地周边环境具体考虑,有效阻止人、畜进入水源地污染水质。其中,石头河水库周边居民较多,主要采取物理隔离措施,周围拉铁丝网防止人、畜靠近水库水体。邝山提灌站水源地位于风景区内,游客较多,为与环境协调一致,采用生物隔离措施,植被一是可有效截留面源污染,减轻雨污水对水源地的污染;二是枝繁叶茂、四季常青,能有效阻止游客跨越进入沉沙池水体。

1. 邙山提灌站水源地

2014年、2015年实施的隔离防护工程位于1号沉沙池东岸和北岸,依据现场条件,设计宽约0.5 m、长约1 000 m。

隔离类型:采用生物隔离防护措施。

植物类型:冬青科灌木。

种植间距30 cm左右,呈梅花形排列。

苗木移植多在春季3~4月进行,大苗需带土移栽。

2. 石头河水库水源地

2014年、2015年防护隔离工程均位于一级保护区大坝左岸范围内,一共长约2 400 m。

隔离类型:采用物理隔离措施。

隔离形式:采用混凝土浇筑底座,底座高0.5 m、宽0.3 m,地面以下埋深0.3 m,地面以上0.2 m,防护网栏杆防护高1.8 m。

6.3.3.4 宣传警示牌设计

结合周边环境体现醒目、宣传、持久作用,警示过往人们自觉保护水源地。其中,石头河水库紧邻姜眉公路,沿路分布有村庄,过往车辆较多,存在车辆及人为水质污染风险,宣传警示牌设计应达到警示过往车辆司机和村民增强保护水源地的意识。邙山提灌站水源地应与周围环境相协调。

1. 邙山提灌站水源地

标示宣传牌设置于沉沙池周边,主体背景为红色,采用不锈钢材料,防腐耐久,设置在游客较多的醒目位置。

尺寸:宽度70 cm,离地面高度150 cm。

文字内容:"您已进入饮用水源地保护区"、"请爱护饮用水源"或"注意保护饮用水源"、"禁止抛撒污染物"、"水深危险 请勿游泳"、"饮用水源 禁止钓鱼"或"电子监控 注意行为"等。

2. 石头河水库水源地

宣传警示牌根据实际需要,分水源安全公路警示牌和水源安全宣传警示牌两种规格。

(1)水源安全公路警示牌。主要用于对通过库区的姜眉公路危险化学品车辆禁行的警示。原有的姜眉公路 K4+020 处"前方进入城市供水水源地 禁止运送危险化学品车辆通行"警示牌继续保留使用。新增警示牌设置于姜眉公路沿线,数量 4 块,设置位置桩号:K9+000、K15+300、K21+200、K25+500。

材质:铝板加反光膜。

尺寸:宽度 3.6 m,高度 1.8 m。

文字内容:"前方进入石头河供水水源地 禁止运送危险化学品车辆通行""保护饮用水源 共建生态文明""由此向前 米进入水源地保护区""水源地电子监控 请规范您的行为"。

警示牌底座采用现浇混凝土,尺寸为 1.5 m×1.5 m×1.5 m,立柱高度 7 m,用于警示流动车辆。

(2)水源安全宣传警示牌。主要用于警示库区附近村民和行人危害水源安全的违法和不当行为。设置于水库饮用水水源一级保护区内沿姜眉公路村庄密集段附近,数量 4 块,桩号:K19+300、K20+900、K22+500、库区回水段末端。

材质:钢板。

尺寸:宽度 2.0 m,高度 1.2 m。

文字内容:正面为"石头河水源地保护区范围 一级保护区:水库正常水位线外延 100 米的陆域以及库区全部水域;二级保护区:一级保护区上界以外向水坡区域或者上界外延 300 米的陆域,以及流入水库的河流入口起至引红济石取水口并上溯 2 000 米的水域及其两侧河岸外延 200 米的陆域;准保护区:二级保护区上界以外的水库流域。"背面为"禁止开挖建房、禁止农耕采伐、禁止游玩嬉水""禁止毁坏水保林草设施、禁止取土弃渣开垦放牧""禁止洗涤排污、禁止倾倒垃圾、禁止偷鱼弃渣""禁止库边游玩、禁止洗涤游泳、禁止偷鱼钓鱼"。

警示牌钢板厚度 2 mm,主框架由 40 mm×40 mm×2 mm 方管焊接,立柱为 100 mm×100 mm×4 mm 方管,双立柱。人工除锈刷防锈漆 2 遍,外露部分刷白色醇酸瓷漆 2 遍,埋入部分刷沥青 2 遍,基础混凝土现浇,底面、文字采用专用反光漆,高1.0 m。

6.3.3.5 监控系统设计

1.邝山提灌站水源地

1)前端采集系统

本次项目沿2号沉沙池北岸设置10个室外数字式枪式摄像机,以解决沉沙池水面监控的需要。每一台摄像机的视频线和控制线分别接入光端机发射端视频和控制接口;光端机接收端光纤口通过尾纤及光端接线盒接入已敷设的光纤网络;电源采用就近取电的方式。

监控摄像机(海康威视)技术参数见表6-11。

表6-11 邝山提灌站水源地监控采集系统参数

型号名称		DS－2CD3210(D)－I5 130万1/3″CMOS ICR日夜型筒形网络摄像机
项目		参数
摄像机	传感器类型	1/3″ Progressive Scan CMOS
	最小照度	0.01Lux @(F1.2,AGC ON),0 Lux with IR
	快门	1/25 s 至 1/100 000 s
	镜头	6 mm@ F2.0,水平视场角:46.7°(4 mm、8 mm、12 mm 可选)
	镜头接口类型	M12
	日夜转换模式	ICR 红外滤片式
	宽动态范围	数字宽动态
	背光补偿	支持,可选择区域
	数字降噪	3D 数字降噪
压缩标准	视频压缩标准	H.264/MJPEG
	H.264 编码类型	Main Profile
	压缩输出码率	32 Kbps ~ 8 Mbps

项目		参数
图像	最大图像尺寸	1 280×960
	帧率	50 Hz：25 fps（1 280 × 960），25 fps（1 280 × 720） 60 Hz：30 fps（1 280 × 960），30 fps（1 280 × 720）
	图像设置	走廊模式、亮度、对比度、饱和度、锐度等通过客户端或者浏览器可调
	背光补偿	支持，可选择区域
	感兴趣区域	ROI 支持双码流，分别设置 1 个固定区域
网络功能	存储功能	NAS（NFS，SMB/CIFS 均支持）
	接口协议	ONVIF，PSIA，CGI，ISAPI，GB28181
	智能报警	移动侦测，动态分析，遮挡报警
	支持协议	TCP/IP，ICMP，HTTP，HTTPS，TP，DHCP，DNS，DDNS，RTP，RTSP，RTCP，PPPoE，NTP，UPnP，SMTP，SNMP，IGMP，802. 1X，QoS，IPv6，Bonjour
	通用功能	防闪烁，双码流，心跳，镜像，密码保护，视频遮盖，水印技术
接口	通信接口	1 个 RJ45 10 M/100 M 自适应以太网口
一般规范	工作温度和湿度	−30 ~ 60 ℃，湿度小于 95%（无凝结）
	电源供应	DC12V ±10% / PoE（802. 3 af）（DS－2CD3210（D）-I5 不支持 PoE）
	功耗	7 W MAX（ICR 切换瞬间 9 W）
	防护等级	IP66
	红外照射距离	EXIR：30 ~ 50 m
	尺寸（mm）	100. 5×88. 1×157. 3

2）传输系统

由于前端摄像机位置距离中心较远,需先将前端摄像机的视频控制信号通过节点式光端光纤传输至中心,在监控中心通过节点光端机(局端机)将前端光端机光信号再转化为视频和控制信号,监控中心可将信号接入矩阵控制切换或硬盘录像机录像存储。其优点是:传输距离远、传输容量大、衰减小、抗干扰性能好,适合远距离传输。

本项目采用节点光端机组成。具体线缆敷设方式可根据现场实际情况设置。录像机存储系统技术参数见表6-12。

表6-12　邙山提灌站水源地传输系统录像机技术参数

项目		参数
视音频输入	网络视频输入	16 路
	网络视频接入带宽	100 Mbps
视音频输出	HDMI 输出	1 路,分辨率:1 024 × 768/60 Hz,1 280 × 720/60 Hz,1 280 × 1 024/60 Hz,1 600 × 1 200/60 Hz,1 920 × 1 080p/60 Hz
	VGA 输出	1 路,分辨率:1 024 × 768/60 Hz,1 280 × 720/60 Hz,1 280 × 1 024/60 Hz,1 600 × 1 200/60 Hz,1 920 × 1 080p/60 Hz
	音频输出	1 个,RCA 接口(线性电平,阻抗:1 kΩ)
视音频编解码参数	录像分辨率	5MP/3MP/1080p/UXGA/720p/VGA/4CIF/DCIF/2CIF/CIF/QCIF
	同步回放	16 路
录像管理	录像/抓图模式	手动录像、定时录像、移动侦测录像、报警录像、动测或报警录像、动测和报警录像
	回放模式	即时回放、常规回放、事件回放、标签回放、日志回放
	备份模式	常规备份、事件备份
硬盘驱动器	类型	2 个 SATA 接口
	最大容量	每个接口支持容量最大 4 TB 的硬盘

项目		参数
外部接口	语音对讲输入	1 个,RCA 接口(电平:2.0 Vp-p,阻抗:1 kΩ)
	网络接口	1 个,RJ45 10M/100M/1000M 自适应以太网口
	USB 接口	1 个 USB2.0,1 个 USB3.0
网络管理	网络协议	IPv6、UPnP(即插即用)、NTP(网络校时)、SADP(自动搜索 IP 地址)、PPPoE(拨号上网)、DHCP(自动获取 IP 地址)等
其他	电源	DC 12 V
	功耗(不含硬盘)	≤10 W
	工作温度	-10 ~ +55 ℃
	工作湿度	10% ~ 90%
	尺寸	380 mm(宽)×290 mm(深)×48 mm(高)
	质量(不含硬盘)	≤1 kg

3)终端显示系统

本项目在供水管理办公室设置一台液晶显示屏,通过分屏显示,可以对沉沙池的所有图像进行显示和观察,及时发现和处理问题。

4)与已有监控系统的接口关系

郑州邙山提灌站供水系统的水源地滩区(黄河水入口一级沉沙池)所有的监控采集点均采用光纤连接,通过高性能的光端机将数据传输至新建监控中心(待建)。该区域的图像集中显示、控制、存储、管理均与输水干渠主线、复线、水质自动监测系统共用监控中心。

已有的景区森林防火监控、道路安全监控中心已连接 90 多个监控摄像头,大部分采用模拟信号设备,监控中心面积也不够,因此与已有的监控中心没有接口关系。

2. 石头河水库水源地

针对水源地主要为山区地形,经常有雷雨天气的实际情况,在选用设备上充分考虑防雷接地的必要性,选用专业的防雷模块,以保证设备不被雷电击毁,确保系统的正常运行。监控中心采用专用接地装置时,其接地电阻不得大于 4 Ω。

监控室内设置等电位连接母线(或金属板),该等电位连接母线与建筑物防雷接地、PE 线、设备保护地、防静电地等连接到一起防止危险的电位差。各种电涌保护器(避雷器)的接地线应以最直和最短距离与等电位连接母排进行电气连接,主机系统机壳接大地。

前端设备如摄像头置于接闪器(避雷针或其他接闪导体)有效保护范围之内。当摄像机独立架设时,为了防止避雷针及引下线上的暂态高电位,避雷针最好距摄像机 3~4 m。若有困难,避雷针也可以架设在摄像机的支撑杆上,引下线可直接利用金属杆本身或选用 φ8 的镀锌圆钢。为防止电磁感应,沿电线杆引上的摄像机电源线和信号线应穿在金属管内,以达到屏蔽作用,屏蔽金属管两端均应接地。

本次监控产品选用的是国内一线品牌浙江大华的产品,兼容目前已有设备,立足现有设备进行资源整合挖潜;可以无缝扩展支持将来的新设备、新功能。石头河前期监控系统用的也是国内一线品牌海康威视的产品,这两个品牌的设备都能很好地兼容和管理。这次建设的监控系统完全能够接入以前的系统,实现统一管理,方便用户使用。

1)前端采集系统

项目监控产品选用百万高清带红外功能的室外数字高速球形摄像机,型号:DH – SD – 6A1130 – HNI,能够满足全天候 24 h 不间断对重要区域进行监控。适用于监控范围比较广、防范级别很高的情况下使用;优点是监控范围广,调整角度灵活。石头河水库水源地监控前端采集系统摄像机如图 6-9 所示。

2)传输系统

项目整体为光纤传输网络,完全解决几千米甚至几十千米监控传输的问题,通过把视频及控制信号转换为光信号在光纤中传输。其优点是:

图 6-9 石头河水库水源地监控前端采集系统摄像机

传输距离远、传输容量大、衰减小,抗干扰性能好,适合远距离传输。

采用网络硬盘录像机,型号:DH – NVR5216,如图 6-10 所示。

图 6-10　石头河水库水源地监控传输系统录像机

产品参数见表 6-13。

表 6-13　石头河水库水源地监控传输系统参数

项目	参数
主处理器	工业级嵌入式微控制器
操作系统	嵌入式 linux 操作系统
图像编码标准	H. 264
视频标准	PAL
监视图像质量	PAL 制 1080P、PAL 制 D1、PAL 制 720P、
回放图像质量	1080P、D1、720P
双码流	支持
编码标准	G. 711A
语音对讲	独立语音对讲
录像方式	手动录像、动态检测录像、定时录像、报警录像
录像保存	本机硬盘、网络、eSATA 扩展柜
录像速度	16 路、接入带宽[备注:64 Mbps(主码流)＋ 16 Mbps(副码流)]
录像回放	16 路 720P
备份方式	硬盘、刻录机、U 盘、eSATA

项目	参数
视频输入	16 路［备注:16 路高清接入］
视频输出	1 路 CVBS、1 路 VGA、1 路 HDMI
抓图功能	支持 JPEG 抓图
音频输入	IPC 复合音频输入
音频输出	1 路线性音频输出
报警输入	8 路
报警输出	3 路
网络	10 M/100 M/1 000 M
通信	1 个 RS232 口、1 个 RS485 口
USB	2
硬盘	2
eSATA 口	不支持
电源	12 V
功耗	10 ~ 15 W
工作温度	0 ~ + 50 ℃
工作湿度	10% ~ 90%
尺寸	1 U
质量	2.0 ~ 2.5 kg
安装方式	台式安装
解码能力	16 × D1 或 8 × 720P 或 4 × 1080P
画面分割	四画面、九画面、十六画面
音频输出	1 路 BNC

3)终端显示系统

本项目在水源检查站办公室设置一台液晶显示屏,通过分屏显示,可以对沉沙池的所有图像进行显示和观察,及时发现和处理问题,监视器型号:三星 S23C350B(22 英寸),如图 6-11 所示。

图 6-11　石头河水库水源地监控终端显示系统液晶显示屏

产品参数见表 6-14。

表 6-14　石头河水库水源地监控终端显示系统参数

项目	参数
基本参数	
产品类型	LED 显示器
产品定位	大众实用
屏幕尺寸	23 英寸
屏幕比例	16:9(宽屏)
最佳分辨率	1 920 × 1 080
高清标准	1080P(全高清)
面板类型	TN
背光类型	LED 背光
动态对比度	100 万:1
静态对比度	1 000:1
黑白响应时间	5 ms
显示参数	
亮度	250 cd/m^2

项目	参数
可视角度	170°/160°
显示颜色	16.7 M
面板控制	
控制方式	按键
语言菜单	英文,德语,法语,意大利语,西班牙语,俄语,葡萄牙语,土耳其语,简体中文
接口	
视频接口	D－Sub(VGA),DVI－D
外观设计	
机身颜色	黑色高光泽
产品尺寸	546 mm×329.7 mm×100 mm(不含底座),546 mm×427.5 mm×210 mm(包含底座),613 mm×395 mm×147 mm(包装)
产品质量	3.35 kg(净重),4.95 kg(毛重)
底座功能	倾斜
其他	
电源性能	100～240 V,50～60 Hz
消耗功率	典型:30 W　　　　待机:0.3 W
节能标准	能源之星6.0
安规认证	Windows 认证
上市时间	2013 年 1 月
显示器附件	
包装清单	显示器主机×1,底座×1,电源线×1,D－sub 线×1,保修卡×1,说明书×1
保修信息	
保修政策	全国联保,享受三包服务
质保时间	1 年
质保备注	整机保修 1 年

6.3.3.6　宣传册设计

宣传册:简洁、明了,用通俗的语言、清晰的画面、简短的内容实现宣传的目的。

1. 邙山提灌站水源地

宣传手册分为水源地概况、水源地保护区范围、水源地保护相关知识、水源地保护达标建设及保护图片展示等内容。手册采用高级别折叠式彩页,规格 130 mm×230 mm,正反六面设计,印制份数 5 000 份。在 8、9 月旅游高峰时段向游客发放。

2. 石头河水库水源地

本次宣传以印发《石头河水源地保护宣传册》为主,将石头河水源地保护基本情况、供水情况等相关内容进行设计,突出水源地保护的主题,发放给老百姓,增强群众保护水源地意识。另外,自筹经费制作时长 15 min 的《水润大关中——石头河供水事业发展纪实》宣传片和时长 15 s 的广告片,在"世界水日""中国水周"等重要节日集中宣传,其间,分别在咸阳、宝鸡、杨凌、陈仓和岐山等市县共 5 家电视台黄金时段连续滚动播放,并在 6 个受水城市共布设流动宣传车 7 辆,通过流动LED 屏连续播放供水宣传片和广告片。同时,在各受水城市设置公共场所 LED 大屏和小区 LED 广告屏播放点 265 处,自宣传活动开始连续一个月滚动播放宣传视频。"世界水日"当天,在《华商报》刊登《清泉石上流,水润大关中》石头河供水宣传文章,当日《华商报》省内外共发行 60 余万份。宣传活动期间,共展示大型宣传幕墙 14 块、展板 126块,发放宣传彩页 5 万余份,发放宣传品 45 000 余件。

6.3.4　工程施工

6.3.4.1　施工条件

1. 邙山提灌站水源地

供电系统采用滩区四周景区的配电箱取电,同步采取安全保护措施;所有电气设备选用节能型产品,照明设计推广绿色照明工程产品,以节约电力能源。给水系统直接引取项目承办单位现有的生活饮用水系统,给排水系统采用新型材料的节能环保设备。施工利用现有景区道路,移动通信覆盖整个景区,可满足项目固定和移动通信要求。

2.石头河水库水源地

施工用水采用石头河水库的水,施工用电接入石头河枢纽变电站,配备专用的配电箱,并采取安全保护措施,以确保系统正常供电。通信采用移动电话,施工交通道路利用现有的姜眉公路,施工排水利用沿路的排水渠。

6.3.4.2 施工准备

1.技术准备

在工程开工前,技术组尽快熟悉图纸,参加图纸会审,消除图纸疑问,掌握设计意图,依据施工图纸编制施工预算;组织人员认真编制实施性施工组织设计、质量计划及施工工艺设计;全力组织好机械、劳动力,以先进的施工工艺和方法保证工程施工质量及工期。首先进行复核验算,无误后方可进行施工布设工作;预算提供首批材料计划,组织进行原材料等有关试验工作;认真做好技术交底和工人技能培训工作,使工人明确施工方法、质量标准,提高工人的操作技能。

2.物资准备

依据施工预算进行分析,按照施工进度计划的要求,将所需材料按使用时间、材料储备、定额消耗进行汇总,编出材料需求量计划。根据各处物资需要量计划,就近组织货源,确定供应方式,签订物资供应合同。按照施工要求,组织物资按计划时间进场,在指定地点按规定方式进行储存或堆放。

3.机械设备准备

依据设计图纸及工程的规模、施工方案的施工方法确定本工程的施工机械。对本工程所需要的所有机械设备认真检修,确保施工机械设备完好率和使用率。组织施工机械按计划时间进入施工现场,按指定场地放置,安装调试,派专人看护、保养。

4.施工人员进场

投入本工程施工队伍按任务划分、进度安排或按业主要求陆续进场,进场后项目经理部统一安排,进行施工任务交底和安全文明施工教育及专业培训。施工现场准备重点做好场地规划布置、平整,生活生产设施以及供电、供水等设施修建。

6.3.4.3 隔离防护

1.邙山提灌站水源地

生物隔离防护带开挖宽度 0.5 m 左右,深度 0.5 m 左右。

隔离防护施工程序:松土—挖坑—换土—种植—浇水—后期保养。由经验丰富的专业绿化施工队组织实施及后期管养,保植保活。

2.石头河水库水源地

现浇混凝土底座,地面以下 0.3 m,地面以上 0.2 m,防护网采用公路防护网形式,高度 1.8 m。

施工程序:土方开挖—基础夯实—现浇混凝土—防护网制安—土方回填。

土方回填后余土清理外运。

6.3.4.4 宣传警示牌

1.邙山提灌站水源地

标示牌委托专业人员制作,安装由景区配合。

2.石头河水库水源地

警示牌委托专业人员制作安装,水源安全检查站配合。

6.3.4.5 监控系统

1.邙山提灌站水源地

监控立杆基础开挖 0.6~0.8 m 见方,深度 1~1.5 m;光缆长 2 000 m 左右,光缆埋设深度 0.5~0.8 m,开挖宽度 0.3 m 左右。根据现场确定实际施工,基础开挖 1.0 m 见方,深度 1.2 m 左右;传输光纤的敷设方式为架空,穿 PVC 线管保护。

监控系统施工程序:确定监控位置—设置监控杆—开挖沟槽—布线(光纤、电缆)—设备安装—调试。组织专业技术人员设计施工,光纤(电缆)敷设为埋地,穿 PVC 线管保护,由景区配合实施,监控中心由景区提供。

2.石头河水库水源地

监控立杆基础开挖 0.6 m 见方,深度 1.2 m 左右,光缆埋深 0.6 m,开挖宽度 0.3 m,穿 PVC 线管保护。

监控系统施工程序:确定监控位置—设置监控杆—开挖沟槽—布线(光纤)—设备安装—调试。组织专业技术人员设计施工,光纤由安全检查站配合实施,敷设方式为架空,穿 PVC 线管保护,监控设在安全检查站。

6.3.5 非工程措施

6.3.5.1 邙山提灌站水源地

(1)加强水源地日常管理。

针对邙山提灌站水源地日常管理涣散的局面,建议郑州黄河供水旅游公司(管委会)牵头,研究制定符合现有组织结构体系的日常管理制度体系,保证水源地各项管理工作无漏洞、无隐患,人员各司其职、各尽其责,有章可循、有责可追,逐步加强水源地日常管理,构建管理平台,加强沟通交流,改善现有局面。建议积极调研流域综合管理完善的重要饮用水水源地,借鉴管理经验,切实有效地保障邙山提灌站水源地安全。

(2)制订水质定期自监测方案。

目前,邙山提灌站水源地水质监测由自来水公司自行负责不定期取水、送样监测,管委会作为水源地直接管理部门,未建立自我水质监测管理体系,不能及时了解邙山提灌站水源地沉沙池水质状况,忽视了水源地水质监管的重要性,一旦水质污染不能及时地从源头上采取应急措施。建议郑州黄河供水旅游公司(管委会)积极申报相关投入资金,委托具有资质的水质监测单位,定期取样监测,提交水质分析报告单,及时掌握水质状况。另外,水源地水质、水量均受来水水质影响。因此,应加强与河道管理部门的联系,密切掌握来水水源水质状况,确保来水水源和供水水源的安全。

(3)强化水源地水污染防治管理。

建议管委会按照相关法律法规加强对水源地的管理,尤其是针对游客行为造成的污染沉沙池水质的风险,尽快出台防治水污染的管理办法及规定,规范游客行为,明确责任与处罚,报人民政府批复实施,切实降低景区游客行为对沉沙池水质的污染风险。

（4）完善工程运行安全防范措施。

结合目前存在的土地确权问题、输水干渠线路长、供水用户多等特点，建议管理部门实施全面有效的工程运行安全防范管理措施，制定输水干渠管理规定，加强沿线监控系统建设，强化沿线居民宣传教育，增强居民保护水源的意识，营造公众参与社会氛围，确保输水干渠主线、复线供水安全。

（5）建立水源地应急管理办法。

邙山提灌站水源地尚未建立系统的应急管理体系，建议制订水源地突发水污染事件应急预案，研究制定并颁发实施《郑州邙山提灌站水源地应急管理办法》。加强水生态监测，探索性地建立水生生物预警监测系统，实现对水源地的实时监管和反馈分析，及时应对突发水污染事故。

6.3.5.2　石头河水库水源地

（1）加强水源地日常管理。

在"全面化管理"的基础上逐步做到"全面化、精细化管理"。陕西省石头河水库灌溉管理局已制订了《陕西省石头河水库灌溉管理局突发水污染事件应急预案》应对突发水污染事件，但水质污染防治还包括对水源地水质保护的日常防治工作，如大暴雨后水体表面的清理工作等。因此，建议陕西省石头河水库灌溉管理局细化或补充相关内容，严格围绕"水量保证、水质合格、监控完备、制度健全"的建设目标完善日常工作。

（2）实现水源地监测信息化管理。

石头河水库水源地尚未建立完整的水源地信息化管理体系。建议陕西省石头河水库灌溉管理局多渠道争取资金建设自动监测站，聘请相关技术人员，对水源地监测信息进行整合，布设实时、完整的监控体系与信息反馈体系，并培训 1～2 名工作人员，专职负责水源地信息数据的收集、发布与突发事件的预警预报等工作，实现水源地信息化管理。

（3）完善眉太公路过往车辆运行管理制度。

目前按照《关于禁止运送危险化学品车辆通行眉太公路石头河流

域的通告》(陕公通字〔2008〕63 号)已建立上行车辆检查站,与公安联合检查运送危险化学品车辆通行,一旦发现禁止通行。但不能及时掌握库尾下行车辆运输物品信息,存在突发水污染事故风险,急需上游建设下行车辆检查站,掌握过往车辆运输物品安全状况,完善眉太公路过往车辆运行管理制度,加强宣传教育,做到万无一失,从根本上减免水污染事故对库区水质的影响。

(4)建立与环保部门联合治污机制。

根据现状紧邻眉太公路分布村庄的情况,虽然环保部门已建立垃圾收集站,但仍存在村庄垃圾沿沟道倾倒、遇强降雨冲刷入库污染水质问题。建议水库管理部门与当地环保部门建立联合治污机制,强化公众参与,明晰管理权限、职责分工,营造水源地水质保护社会氛围,共同维护库区水质。

6.3.6 实施保障及效果分析

6.3.6.1 实施保障

1. 组织技术保障

项目启动后,成立项目组,全面有序开展工作,任务明确,责任到人,配合有序。根据黄河流域水资源保护局《关于做好水资源费项目2014 年工作技术大纲编制和 2013 年成果技术审查及验收的通知》(黄护函〔2014〕10 号)、《关于做好水资源费 2015 年项目实施和 2014 年项目验收的通知》(黄护函〔2014〕140 号),项目组编写完成年度项目技术工作大纲、实施方案等,审查通过并修改完善后作为工程实施的重要依据。

2. 施工管理保障措施

1)质量管理措施

(1)增强质量意识,健全落实各项制度:①牢固树立质量意识,深刻领会本工程的设计标准和施工工艺特点。在职工中树立"质量是企业生存的关键"的观念,把质量与工资待遇直接挂钩,奖优罚劣,使每个人认识到质量工作与企业个人之间的利益关系,把质量工作贯穿到施工的全过程中,深入到企业的每个人,形成"质量在我心中,落实在我手中"的良好气氛。②施工前组织技术人员、管理人员严格审核图纸,发现问题及时与项目监理取得联系,待确认后再进行施工。③严格按各施工规范及技术规范和复核后的图纸施工。④依照现行的《质量管理细则》和《工程资料整编》,层层把关,使各基层单位技术工作规范化。⑤推行全面质量管理,实行项目分解及目标管理,加强对"QC"小组的领导,对重大技术问题组织"QC"小组进行攻关,施工中积极推广新技术、新工艺、新材料。⑥坚持测量双检制、隐蔽工程签证、质量挂牌、质量讲评、质量双检、质量事故分析、通报处理等各项行之有效的质量管理制度。⑦严格施工前的技术交底制度,对作业人员定期进行质量教育和考核,教育作业人员应严格按设计及规范要求施工,确保工程质量。⑧项目经理部建立严密的质量检查组织机构,充分发挥质检机构和专职质量人员的作用。在我方自检、互检、专检的前提下,提供各种便利条件,积极主动、热情地配合项目监管单位工作,接受项目监管单位的监督和帮助,保质保量地完成合同施工任务。⑨坚持作业人员持证上岗制、工作人员挂牌制。

(2)质量管理措施:①全面推行 ISO9000 族系列国际标准质量体系的贯标认证,结合本工程,按编制的质量管理细则做好各项工程的质量工作。②强化质量经常性检查,建立质量检查程序,做到质量"三检制":施工班组检查、质检员检查、质检队长检查。③质量检查的程序采用自检、互检和专检相结合的原则进行,质量检查按一般工序、关键工序进行,施工人员必须严格按指令程序进行操作,并记录,申请待检。专职检查人员主动请项目监理到场检查,将各种必需的技术性表格填写完整,检查后请项目监理签字。④实行工程质量挂牌管理,增强施工人员责任感,将工程规模、开工日期、质量目标、岗位负责人一一明确,以利于增强透明度和责任感。⑤制定创优规划,明确创优目标。成立创优领导小组,在施工中,为质量保证体系能有效运转,实行全面、全过程质量控制,成立以项目经理为组长、项目总工程师为副组长,各级负责人参加的创优领导小组,具体领导创优工程,使创优工作有计划、有目标、有组织、有步骤地展开。⑥建立健全质量保证体系。

(3)质量技术措施:①按合同规定,所有的质检资料向项目监理提交开工报告、施工方案、施工组织计划、工程进度计划、工程实施过程中的施工计划,有关工程文件和报告,均应编制质量计划、质量措施、质量管理、质量标准、质保体系等。②采用质量动态管理办法,进行质量控制。随时将工程质量检验结果、材料试验项目、取样地点、试验方法、试验人员姓名、试验结果、评定合格与否输入计算机,利用计算机建立工程质量数据库。③各类工程的施工以及环境保护,均按实施文件以及国家标准规范和水利部颁发标准与规范进行施工。④有实施性施工方案,施工方法、方式工艺都必须经项目监理认可后,方可正式施工。

2)对原材料的质量控制

施工所有用材均由项目部物资部统一采购供应,采购前货比三家,选择质优价廉、手续齐全,并经自检化验无质量缺陷的材料签订供货合同。在供应过程中,随时抽检,确保原材料质量优良。

在主要材料设备供应上,按工程进度计划编制材料采购供应计划表,由物资部统一采购,供应至各施工区段,保证工程使用。

进入工程的材料严格按业主要求或向质量好的厂家定货,所有材料必须有出厂合格证或其材质证明,无合格证的材料不得进入工地使用。

主要设备必须取自同一厂家的同一品牌。每批材料进场前要向项目监理提供供货抄件,说明厂名、品牌、标识号、数量和出厂日期,并提供出厂合格证及检验报告。如不符合,不得使用。

在选用设备上充分考虑防雷接地的必要性,选用专业的防雷模块:监控中心采用专用接地装置,其接地电阻不得大于 4 Ω;监控室内设置等电位连接母线(或金属板),与建筑物防雷接地、PE 线、设备保护地、防静电地等连接到一起消除电位差;各种电涌保护器(避雷器)的接地线以最直和最短的距离与等电位连接母排进行电气连接,主机系统机壳接大地。

前端采集系统:项目监控产品选用百万高清带红外功能的高速球形摄像机,能够满足全天候 24 h 不间断对重要区域进行监控。球形摄像机一般都带有智能旋转功能,适用在监控范围比较广、防范级别很高的情况下使用,优点是监控范围广、调整角度灵活。

网络传输系统:采用光纤传输网络系统,其网络硬盘录像机选用的型号为 DH - NVR5216,产品特点:1U 嵌入式网络硬盘录像机,16 路高清接入,2 个内置 SATA 硬盘接口。

终端显示系统:在水源检查站办公室设置一台液晶显示屏,通过分屏显示,可以对所有图像进行显示和观察,及时发现和处理问题,监视器(22 英寸)型号选择三星 S23C350B。

本次监控产品选用的是国内一线品牌浙江大华的产品,兼容目前已有设备,立足现有设备进行资源整合挖潜;可以无缝扩展支持将来的新设备、新功能。石头河前期监控系统用的也是国内一线品牌海康威视的产品,这两个品牌的设备都能很好地兼容和管理。所有设备产品均参加全国联保,保修期 3 年。这次建设的监控系统完全能够接入以前的系统,实现统一管理,方便用户使用。

3)检验、检测保证措施

在施工中,严格按照规范规定的检查项目、检测次数和数量要求,对工程所用原材料及中间产品进行全程检验、验收,以确保工程质量安全。

本工程分为 3 个分部工程、17 个单元工程。根据施工单位自评、监管单位复核,全部合格。施工过程中,未发生任何不安全质量事故,原材料质量合格,设备及配套设施质量合格,施工质量检测资料齐全,且单元、分部工程质量评定完善,均达到设计要求及技术规范要求,各类原材料、设备合格证及技术文件齐备,且单元、分部、单位工程质量评定完善。

4)施工保障控制措施

(1)强化指挥管理机构:本工程实行项目经理施工管理,项目部由项目经理、项目总工程师、施工员、质检员、安全员、材料员、资料员组成,负责对本工程的工期、质量、安全、成本等实施计划、组织、协调、控制和决策,对各生产施工要素实施全过程的动态管理,保质保量完成本项目全部工程。

(2)合理编排、实施短期网络计划控制:①按照工期要求开工作业,严格按计划组织安排施工。②及时编制科学、详细的施工组织设计和作业指导书,做好技术交底工作,把好施工过程中的各个环节和关口。③按业主批准的实施方案做好现场实施工作,由施工队负责现场实施,杜绝由于技术方案不当造成的待工、返工等。④根据实际情况不断优化和创新技术方案,确保施工技术的先进性、实用性和高效性。

（3）强化督促检查,及时维护机械设备,加强施工管理:检查施工准备、施工计划和合同的执行情况,检查材料的配备,对施工中出现的计划偏差,积极进行调整;保证施工计划的实际性和有效性。对劳动力实行动态管理,使作业专业化、正规化;实行内部经济承包责任制,既重包又重管,使责任和效益挂钩,个人利益和完成工作量挂钩,做到多劳多得,调动每个人的积极性和创造性。加强机械、设备、工具的管理和检修工作,注重施工过程中安全生产、文明施工管理,确保施工的顺利进行。

3. 安全生产管理

（1）建立管理机构:工程项目部成立了文明施工与安全生产工作领导小组,项目经理任组长,项目副经理负责日常文明施工与安全生产管理工作。并配备专职安全员,各施工队配一名兼职安全员,形成了有效的文明施工与安全生产组织管理体系。

（2）制定规章制度:按照国家及施工合同有关规定,工程项目部根据工程特点和施工现场实际情况,制定了有关文明施工与安全生产教育、检查等为主要内容的规章制度,制订了安全生产预案,确保文明施工与安全生产有序进行。

（3）施工现场保障措施:①落实承包责任制,把安全生产与每位职工的切身利益挂起钩来,对安全生产中有突出贡献的人员进行奖励。②工地的安全以预防为主,配备足够的防护用品,坚持学习宣传,并设立安全监督站,发现问题及时处理。③各种机械、工具必须挂牌操作,使操作人员安全操作,定期进行安全大检查,检查出事故隐患,要书面通知作业班组,并及时消除隐患。④按照"三不放过"的原则处理所发生的事故,使职工吸取事故教训,防止类似事故发生。对特种作业人员同样要专门培训,合格后发证上岗。⑤进入工地要戴安全帽,高空作业必须系好安全带,做好工地用电管理,电器开关设防雨棚,配漏电保护器。

（4）定期召开安全生产工作例会,制定各种安全技术措施,确保运行安全。组织学习安全操作规程,正确使用安全防范设施和防护用品,检查特殊作业人员是否持证上岗。

4. 文明施工、环境保护管理措施

（1）环境保护措施：①做好施工调查，认真编制和贯彻工程实施性组织设计，把环境保护工作作为施工组织设计的重要组成部分。②认真贯彻各级政府相关水土保护、环境保护的方针、政策和法令，结合设计文件和工程特点，及时申报有关环保设计，切实按批准的文件组织实施。③在施工过程中严格控制噪声、废气、废水、废物，减少公害。④定期组织环保检查，及时处理违章事宜。⑤施工期间要随时做好防排水工作，修建有足够泄水断面的临时排水渠道，并与永久性排水设施相连接，且不得引起淤积和冲刷，防止水土流失，造成污染。⑥施工中的弃物处理，按照规范和标准要求严格做好防护工作，防止污染。

（2）文明施工措施：①由项目经理组织，分别在场容场貌、料具管理、环境控制、综合治理等方面确定责任人，采取"标准明确，责任到人"的管理目标责任制，将文明施工落到实处。②严格管理，认真组织落实施工组织设计中的施工安全技术措施，现场有安全标志、警示牌，做到文明施工。③组织学习文明施工管理规章制度，并检查执行情况，对新工人必须进行现场教育，正确使用安全防范设施和防护用品。

5. 管理制度措施

（1）督促、沟通协调制度：建立完善的督促、沟通协调制度，在实际工作中负责人要通过网络、交流会等渠道加强单位间沟通、协调，按照相关技术规范有关要求开展工作，根据总项目进度安排部署各自承担工作实施进度，严格按照时间节点提交成果。

（2）成果审核、验收制度：项目成果实行审核、验收制度，项目技术大纲通过专家审查，成果报告经层层审查并进行咨询后，最终通过上级主管部门验收。

（3）项目资金严格管理制度：项目资金使用严格按照《中央分成水资源费使用管理暂行办法》的有关要求，项目经费报销和结算过程中严格履行审批程序，手续齐备，原始凭证真实合法，加强资金管理，根据项目任务书的预算安排使用资金，各项费用按预算项目经费数额执行。

6. 运行管理

邙山提灌站水源地达标建设工程实施后，全部交由景区管理，其中生物隔离措施实施后,由景区绿化队负责定期浇水灌溉,确保苗木成活。标示牌由景区定期清洁维护,安排 2~3 人专职管理监控系统。

石头河水库水源地达标建设工程实施后,交付给水源安全管理站进行管理和维护,24 h 监控、定期巡查。垃圾台及垃圾填埋场交由当地社区和村组负责维护与管理。

6.3.6.2　实施效果分析

邙山提灌站水源地达标建设工程实施后,郑州邙山提灌站水源地 1 号沉沙池生物隔离绿化率由 40% 提高到 82%,有效阻隔了过往游客及车辆对水源地的干扰;实现对 2 号沉沙池北侧全面实时监控,全面及时掌握沉沙池水面有关状况,对钓鱼、抛撒废弃物、戏水、游泳等人为活动起到很好的监控作用;标示牌能够很好地警示景区内游客,有效规范游客行为,降低人类活动对水源地的污染风险,通过发放水源地保护宣传手册,增强人们对水源地的自觉保护意识,对维持水源地安全起到应有的示范作用。

石头河水库水源地达标建设工程实施后,一级保护区视频监控覆盖率将达到总长度的 30%,隔离防护将达到一级保护区边界长度的 13%,警示牌和宣传牌将达到规划数量的 60%。水源安全公路警示牌增强了库区上行车辆进入水源保护区的安全意识,加大了禁止运送危险化学品车辆通过水源安全保护区的警示效果。水源安全宣传警示牌明示了一、二级水源保护区和准保护区的范围,明确了一级保护区的禁止行为,有效警示了库区附近村民和行人危害水源安全的违法与不当行为。一级保护区物理隔离措施有效阻止了人、禽进入库区对水源安全造成的潜在威胁。在水源地一级保护区道路的弯道、排污口、人员居住区等重点区域设置了视频监控设施,使管理人员随时掌握水源地内水源保护的实时情况,远程监控某些重要区域人为和车辆的活动,及时有效地阻止了危及水源安全的不法行为。总之,本项目的建设,通过视频监控、安全防护网和警示牌等多种方式,对水源地进行有效保护,全面提高了水源安全保护的措施,对减少水污染灾害,确保一库清水送关中发挥重要的示范作用。

实施效果见图 6-12~图 6-14。

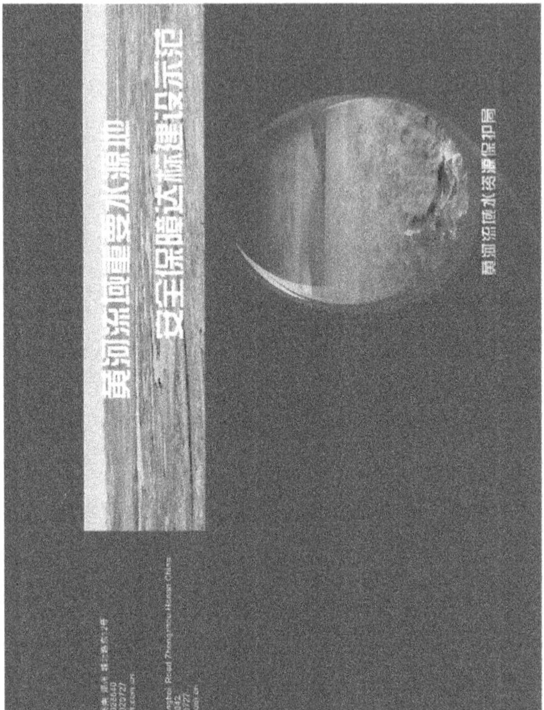

图 6-12 水源地保护宣传册

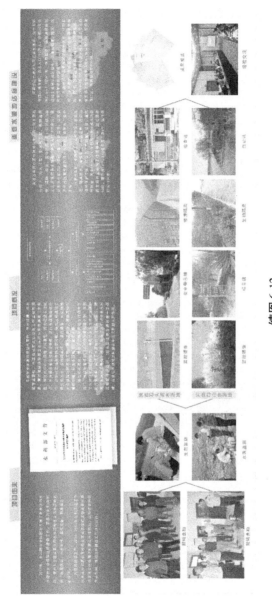

续图 6-12

图 6-13　石头河水库水源地实施工程成果

续图 6-13

图 6-14　邙山提灌站水源地实施工程成果

续图 6-14

6.3.7 实施总结与建议

项目为水利部首次下达经费用于水源地达标工程建设,切实解决水源地急需解决的首要问题,以期树立达标建设标杆,意义深远。承担单位在项目执行的各阶段,包括技术大纲、实施方案、施工阶段和后期总结、项目验收等过程中,均应加强对协作单位的督促、指导和协调工作,必要时进行多次现场查勘,确保工程按计划进度完工。施工单位要不断加强施工质量的管理工作,把工作做实做细,确保所承建的工程达到质量要求。施工中要敢于运用新技术,要不停摸索新方法,探索新工艺。工程建设各方应互相协作、密切配合、团结一致、齐抓共管。

(1)初步建立流域与两省水利部门、水源地管理部门间沟通协调机制。

水源地达标建设是近几年水利部实施水源地保护方面的重要工作,流域机构主要负责水源地达标建设评估工作,与省水利部门建立了良好的沟通机制,但与水源地管理部门沟通相对较少。通过本项目实施,建立了流域—省水利部门—水源地管理部门三级沟通协调机制,理顺了上下级关系,为今后流域水源地管理工作奠定了良好的基础。

(2)形成定期督促、检查制度。

项目涉及协作单位较多,从项目实施方案起制定了定期督查、检查制度,从大纲—工程实施方案—现场查勘—技术咨询研讨—工程实施—执行总结—验收各环节严格按照进度执行,定期通过 E-mail、网络、电话等渠道沟通协调,现场检查工程实施情况,建立了良好的督促和检查制度,保障了项目顺利开展。

(3)实现水源地自动远程实时监控。

水源地 24 h 实时监控对水源地保护至关重要,能够保障在人力有限的情况下达到全面掌握水源地安全状况,远程监控某些重要区域人为和车辆的活动,及时制止了人们对水源地的干扰行为,起到保护水源地的目的。

(4)强化了水源地保护对外宣传。

水源地安全事关人们身心安全和社会稳定,通过本项目宣传册的制作与发放,使人们了解了水源地保护的重要性,增强了人们对石头河水库、邝山提灌站水源地的保护意识,促进水源地保护社会氛围的形成。

6.3.7.1 邝山提灌站水源地

(1)进一步完善 1、2 号沉沙池生物隔离设施,1 号沉沙池由工程实施后的 65% 提高到周边 100% 隔离;2 号沉沙池虽然现状已生物隔离 90%,但 40% 为低矮灌木隔离带,10% 需补种,低矮灌木需重新种植高大常绿灌木,切实起到隔离防护作用。

(2)1 号沉沙池、20 km 输水干渠缺乏监控设施。建议加快前期工作和资金投入,列入议事日程,积极完善有关工程内容,景区防火、道路监控与 1 号沉沙池、2 号沉沙池、输水干渠等水源监控接口的合并,实现对水源地的全面、全程监控。

(3)输水明渠与道路交叉口缺乏标示牌,建议强化警示牌建设,对沿线村庄居民及过往车辆起到很好的警示作用。

(4)委托有资质的单位全面对 1 号沉沙池、2 号沉沙池及输水干渠加强水质监测,定期取样监测,掌握水质状况;做好水质自动监测站的运行维护,实现正常在线实时监测和水质信息化。

(5)沉沙池生物完整性分值相对较低。2014 年 6 月石佛沉沙池蓝藻门的小席藻优势度高达 56.1%。对几级沉沙池,尤其是作为柿园水厂取水口的石佛沉沙池蓝藻优势度高,建议加大水质监测频率,尤其是加强蓝藻及有关异味藻的预防性监测工作,布设水生生物采样点,定期开展藻类监测工作。

6.3.7.2 石头河水库水源地

(1)继续延伸视频监控系统。本次建设的视频监控系统只敷设水库一级保护区右岸 2.7 km,难以满足实际需求。下一步准备对水库一级保护区左岸同样设置视频监控系统,使一级保护区的视频监控做到全覆盖。

(2)继续完善一级水源保护区沿线的防护网建设,使水库左岸防护网达到全覆盖。

(3)在库区上游再建一座水源安全检查站,以堵塞上游运送危险化学品车辆进入库区的漏洞,确保水源地安全。

(4)在公路设立集中收集沉淀净化设施,使进入库区的污水得到净化。

(5)建设石头河水库水质化验室,实施石头河水库水源地水质监测项目,加强石头河水库水源地水质监测,及时掌握水源地的水质,预防水库水体富营养化,有效应对突发水污染事件,监督和管理流域排污等。

(6)两年浮游生物监测中,石头河水库春季裸藻形成绝对优势种且达到一定生物量的现象值得关注,过于单一的浮游生物的优势种类会降低生态系统的稳定性;水库消落区植被缺乏,需加强管理,预防对水库水体造成影响。建议定期开展水生生物监测工作,分析其种类组成、密度和生物量等群落结构及功能参数,密切关注藻类的生物量及其群落结构变化规律;同时,采取科学合理的调度方式,减缓对生态环境的影响,维持水库生态系统的基本稳定。

确保水源地安全达标,从长远看,既关系着西安、咸阳、宝鸡等大中城市人民的生活、生产用水要求,更是保障陕西省社会经济发展、政治稳定的头等大事。石头河水库水源地管理机构,应加强管理,建立水源保护联动机制和长效机制,确保一库清水润关中。

6.4 达标建设评估结果

根据《全国重要饮用水水源地安全保障评估指南(试行)》,邙山提灌站水源地评估总分为98分,石头河水库水源地评估总分为97分(见表6-15、表6-16)。邙山提灌站水源地一级保护区取水口半径50 m内未进行全封闭管理,且界标、警示标志以及隔离防护设施不完善。石头河水库水源地保护区存在使用含磷洗涤剂、农药、化肥入库的情况,目前缺乏水质自动监测系统。

表 6-15 邙山提灌站水源地评估

一级指标	二级指标	满分	得分	评估方法
水量评估	年度供水保证率	14	14	年度供水保证率达到 95% 以上的,得 14 分;年度供水保证率不能达到 95% 的,得 0 分
	应急备用水源地建设	8	8	供水城市建立应急备用水源地,并能满足一定时间内生活用水需求,并且具有完善的接入自来水厂的供水配套设施的,得 8 分;已建立应急备用水源地,但供水储备和供水配套设施有一项不完善的,得 6 分;已建立应急备用水源地,但供水储备和供水配套设施均不完善的,得 3 分;没有建立应急备用水源地的,得 0 分
	水量调度管理	4	4	流域和区域供水调度中有优先满足饮用水供水要求,能确保相应保证率下取水工程正常运行所需水量和水位要求的,并且制订了特殊情况下的区域水资源配置和供水联合调度方案,并经批准实施的,得 4 分;流域和区域供水调度中有优先满足饮用水供水要求,但没有制订特殊情况下的区域水资源配置和供水联合调度方案的,得 2 分;有特殊情况下区域水资源配置和供水联合调度方案,但流域区域供水调度中没有优先满足饮用水供水要求的,得 1 分;两者均没有的,得 0 分
	供水设施运行	4	4	供水设施完好,取水和输水工程运行安全的,得 4 分;取水设施、输水设施偶尔出现事故影响供水,经过抢修后能够安全运行的,得 2 分;取水设施、输水设施经常出现生产事故,影响供水的,得 0 分
水量评估得分		30	30	

一级指标	二级指标	满分	得分	评估方法
水质评估	取水口水质达标率	20	20	［湖库型水源地、河道型水源地］取水口水质全年达到或优于Ⅲ类标准的次数不小于80％的,监测频次达到每月至少2次,且监测项目达到《地表水环境质量标准》(GB 3838—2002)中规定的基本项目和补充项目的,得20分;［地下水型水源地］取水口水质全年达到或优于Ⅲ类标准的次数不小于80％的,监测频次达到每月至少1次,且按照《地下水质量标准》(GB/T 14848—93)中规定的监测项目开展监测的,得20分;以上任一条件没有达到的,得0分
	封闭管理及界标设立	4	2	［湖库型水源地］一级保护区实现全封闭管理,且界标、警示标志以及隔离防护设施完善的,得4分;［河道型水源地］一级保护区取水口半径50 m内进行全封闭管理,且界标、警示标志以及隔离防护设施完善的,得4分;［地下水型水源地］一级保护区实现单井封闭管理,且界标、警示标志以及隔离防护设施完善的,得4分;实现部分封闭或界标、警示标志以及隔离防护设施等不完善的,得2分;未开展相关工作的,得0分
	入河排污口设置	3	3	一、二级保护区内没有入河排污口的,得3分;保护区内有入河排污口的,得0分

一级指标	二级指标	满分	得分	评估方法
水质评估	一级保护区综合治理	3	3	［湖库型水源地、河道型水源地］没有与供水设施和保护水源无关的建设项目,没有从事网箱养殖、畜禽养殖、旅游、游泳、垂钓或者其他可能污染饮用水水体的活动,水面没有树枝、垃圾等漂浮物的,得 3 分;［地下水型水源地］没有与供水设施和保护水源无关的建设项目,没有垃圾堆放、旱厕、加油站或者其他可能污染饮用水水体的活动的,得 3 分;有上述建设项目或存在上述污染水体活动的,得 0 分
	二级保护区综合治理	2	2	［湖库型水源地、河道型水源地］没有排放污染物的建设项目,从事网箱养殖、畜禽养殖、旅游等活动的,且按照规定采取了防止污染饮用水水体措施的,得 2 分;［地下水型水源地］没有严重污染的企业,没有城市垃圾、粪便和易溶、有毒有害废弃物堆放场和转运站,没有污水灌溉农田的,得 2 分;有排放污染物的建设项目或上述活动场所,未按照规定采取防止污染饮用水水体措施的,得 0 分
	准保护区综合治理	2	2	没有对水体产生严重污染的建设项目,没有危险废物、生活垃圾堆放场所和处置场所的,得 2 分;存在上述情况的,得 0 分
	含磷洗涤剂、农药和化肥等使用	2	2	［湖库型水源地、河道型水源地］保护区内采取禁止或限制使用含磷洗涤剂、农药、化肥以及限制种植养殖等措施的,得 2 分;［地下水型水源地］保护区内禁止利用透水层孔隙、裂隙、溶洞及废弃矿坑储存农药的,得 2 分;没有禁止或限制的,得 0 分

一级指标	二级指标	满分	得分	评估方法
水质评估	保护区交通设施管理	3	3	保护区无公路、铁路通过;若有公路、铁路通过,并已建设和完善桥面雨水收集处置设施与事故环境污染防治措施,并在进入保护区之前应设立明显的警示标志的,得 3 分;保护区有公路、铁路通过,但采取部分防治措施的,且有警示标志的,得 2 分;保护区有公路、铁路通过,但没采取相应防治措施的,得 0 分
	保护区植被覆盖率	1	1	一级保护区内适宜绿化的陆域,植被覆盖率应达到 80% 以上,二级保护区内适宜绿化的陆域植被覆盖率逐步提高的,得 1 分;保护区植被覆盖率不满足上述要求的,得 0 分
水质评估得分		40	38	
监控评估	视频监控	2	2	建立自动在线监控设施,对饮用水水源地取水口及重要供水工程设施实现 24 h 自动视频监控的,得 2 分;管理部门建立自动在线监控设施,但不能对取水口和重要供水工程实现 24 h 自动视频监控的,得 1 分;管理部门没有建立自动在线监控设施的,得 0 分
	巡查制度	2	2	建立巡查制度,并且一级保护区实现逐日巡查,二级保护区实行不定期巡查,巡查记录完整的,得 2 分;建有巡查制度,但一级保护区不能实现逐日巡查,巡查记录不完整的,得 1 分;没有建立巡查制度的,得 0 分
	特定指标监测	3	3	[湖库型水源地]按照《地表水环境质量标准》(GB 3838—2002)规定的特定项目每年至少进行 1 次排查性监测,并且按照《地表水资源质量评价技术规程》(SL 395—2007)规定的项目开展营养状况监测的,得 3 分;[河道型水源地]按照《地表水环境质量标准》(GB 3838—2002)规定的特定项目每年至少进行 1 次排查性监测的,得 3 分;[地下水型水源地]能按照《地下水监测规范》(SL 183—2005)有关规定对水位、取水量等进行定期监测的,得 3 分;[湖库型水源地]开展排查性监测或营养状况监测其中一项的,得 2 分;没按上述要求开展监测的,得 0 分

一级指标	二级指标	满分	得分	评估方法
监控评估	在线监测	3	3	取水口附近水域具有水质水量在线监测的,得3分;取水口附近水域没有水质水量在线监测的,得0分
	信息监控系统	2	2	建立水质水量安全监控系统,具备取水量、水质、水位等水文水资源监测信息采集、传输和分析处理能力的,得2分;水质水量安全监控系统,具备上述1~2项能力的,得1分;没有建立饮用水水源地水质水量安全信息监控系统的,得0分
	应急监测能力	3	3	具备预警和突发事件发生时,加密监测和增加监测项目的应急监测能力的,得3分;具备预警和突发事件发生时,具备加密监测或增加监测项目能力之一的,得2分;应急监测能力难以满足应对突发性应急监测需要的,得0分
监控评估得分		15	15	
管理评估	保护区划分	3	3	完成保护区划分工作并报省级人民政府批准实施的,得3分;未划分水源保护区的,得0分
	部门联动机制	2	2	建立水源地安全保障部门联动机制,实行资源共享和重大事项会商制度的,得2分;未建立水源地部门联动机制的,得0分
	法规体系	2	2	制定饮用水水源地保护的相关法规、规章或办法,并经批准实施的,得2分;没有制定饮用水水源地保护的相关法规、规章或办法的,得0分
	应急预案及演练	3	3	制订应对突发水污染事件、洪水和干旱等特殊条件下供水安全保障的应急预案,每年至少开展一次应急演练,并建立人员、物资储备机制和技术保障体系,每具备一项得1分,共3分;应急预案、应急演练或应急储备都没有的,得0分

一级指标	二级指标	满分	得分	评估方法
管理评估	管理队伍	3	3	水源地的管理和保护配备专职管理人员,落实工作经费,加强管理和技术人员培训的,得 3 分;人员配备不到位,工作经费相对紧张,关键管理和技术岗位培训能够保证的,得 2 分;人员和工作经费缺失严重,已经明显影响水源地管理工作效率,并且无明显改善趋势的,得 0 分
	资金保障	2	2	建立稳定的饮用水水源地保护资金投入机制的,得 2 分;未建立稳定的资金投入机制的,得 0 分
管理评估得分		15	15	
总分		100	98	

表 6-16　石头河水库水源地评估

一级指标	二级指标	满分	得分	评估方法
水量评估	年度供水保证率	14	14	年度供水保证率达到 95% 以上的,得 14 分;年度供水保证率不能达到 95% 的,得 0 分
	应急备用水源地建设	8	8	供水城市建立应急备用水源地,并能满足一定时间内生活用水需求,并且具有完善的接入自来水厂的供水配套设施的,得 8 分;已建立应急备用水源地,但供水储备和供水配套设施有一项不完善的,得 6 分;已建立应急备用水源地,但供水储备和供水配套设施均不完善的,得 3 分;没有建立应急备用水源地的,得 0 分

一级指标	二级指标	满分	得分	评估方法
水量评估	水量调度管理	4	4	流域和区域供水调度中有优先满足饮用水供水要求,能确保相应保证率下取水工程正常运行所需水量和水位要求的,并且制订了特殊情况下的区域水资源配置和供水联合调度方案,并经批准实施的,得4分;流域和区域供水调度中有优先满足饮用水供水要求,但没有制订特殊情况下的区域水资源配置和供水联合调度方案的,得2分;有特殊情况下区域水资源配置和供水联合调度方案,但流域区域供水调度中没有优先满足饮用水供水要求的,得1分;两者均没有的,得0分
	供水设施运行	4	4	供水设施完好,取水和输水工程运行安全的,得4分;取水设施、输水设施偶尔出现事故影响供水,经过抢修后能够安全运行的,得2分;取水设施、输水设施经常出现生产事故,影响供水的,得0分
水量评估得分		30	30	
水质评估	取水口水质达标率	20	20	[湖库型水源地、河道型水源地]取水口水质全年达到或优于Ⅲ类标准的次数不小于80%的,监测频次达到每月至少2次,且监测项目达到《地表水环境质量标准》(GB 3838—2002)中规定的基本项目和补充项目的,得20分;[地下水型水源地]取水口水质全年达到或优于Ⅲ类标准的次数不小于80%的,监测频次达到每月至少1次,且按照《地下水质量标准》(GB/T 14848—93)中规定的监测项目开展监测的,得20分;以上任一条件没有达到的,得0分

一级指标	二级指标	满分	得分	评估方法
水质评估	封闭管理及界标设立	4	4	[湖库型水源地]一级保护区实现全封闭管理,且界标、警示标志以及隔离防护设施完善的,得4分;[河道型水源地]一级保护区取水口半径50 m内进行全封闭管理,且界标、警示标志以及隔离防护设施完善的,得4分;[地下水型水源地]一级保护区实现单井封闭管理,且界标、警示标志以及隔离防护设施完善的,得4分;实现部分封闭或界标、警示标志以及隔离防护设施等不完善的,得2分;未开展相关工作的,得0分
	入河排污口设置	3	3	一、二级保护区内没有入河排污口的,得3分;保护区内有入河排污口的,得0分
	一级保护区综合治理	3	3	[湖库型水源地、河道型水源地]没有与供水设施和保护水源无关的建设项目,没有从事网箱养殖、畜禽养殖、旅游、游泳、垂钓或者其他可能污染饮用水水体的活动,水面没有树枝、垃圾等漂浮物的,得3分;[地下水型水源地]没有与供水设施和保护水源无关的建设项目,没有垃圾堆放、旱厕、加油站或者其他可能污染饮用水水体的活动的,得3分;有上述建设项目或存在上述污染水体活动的,得0分
	二级保护区综合治理	2	2	[湖库型水源地、河道型水源地]没有排放污染物的建设项目,从事网箱养殖、畜禽养殖、旅游等活动的,且按照规定采取了防止污染饮用水水体措施的,得2分;[地下水型水源地]没有严重污染的企业,没有城市垃圾、粪便和易溶、有毒有害废弃物堆放场和转运站,没有污水灌溉农田的,得2分;有排放污染物的建设项目或上述活动场所,未按照规定采取防止污染饮用水水体措施的,得0分

一级指标	二级指标	满分	得分	评估方法
水质评估	准保护区综合治理	2	2	没有对水体产生严重污染的建设项目,没有危险废物、生活垃圾堆放场所和处置场所的,得2分;存在上述情况的,得0分
	含磷洗涤剂、农药和化肥等使用	2	0	[湖库型水源地、河道型水源地]保护区内采取禁止或限制使用含磷洗涤剂、农药、化肥以及限制种植养殖等措施的,得2分;[地下水型水源地]保护区内禁止利用透水层孔隙、裂隙、溶洞及废弃矿坑储存农药的,得2分;没有禁止或限制的,得0分
	保护区交通设施管理	3	3	保护区无公路、铁路通过;若有公路、铁路通过,并已建设和完善桥面雨水收集处置设施与事故环境污染防治措施,并在进入保护区之前应设立明显的警示标志的,得3分;保护区有公路、铁路通过,但采取部分防治措施的,且有警示标志的,得2分;保护区有公路、铁路通过,但没采取相应防治措施的,得0分
	保护区植被覆盖率	1	1	一级保护区内适宜绿化的陆域,植被覆盖率应达到80%以上,二级保护区内适宜绿化的陆域植被覆盖率逐步提高的,得1分;保护区植被覆盖率不满足上述要求的,得0分
水质评估得分		40	38	

一级 指标	二级 指标	满分	得分	评估方法
监控 评估	视频监控	2	2	建立自动在线监控设施,对饮用水水源地取水口及重要供水工程设施实现 24 h 自动视频监控的,得 2 分;管理部门建立自动在线监控设施,但不能对取水口和重要供水工程实现 24 h 自动视频监控的,得 1 分;管理部门没有建立自动在线监控设施的,得 0 分
	巡查制度	2	2	建立巡查制度,并且一级保护区实现逐日巡查,二级保护区实行不定期巡查,巡查记录完整的,得 2 分;建有巡查制度,但一级保护区不能实现逐日巡查,巡查记录不完整的,得 1 分;没有建立巡查制度的,得 0 分
	特定指标 监测	3	3	[湖库型水源地]按照《地表水环境质量标准》(GB 3838—2002)规定的特定项目每年至少进行 1 次排查性监测,并且按照《地表水资源质量评价技术规程》(SL 395—2007)规定的项目开展营养状况监测的,得 3 分;[河道型水源地]按照《地表水环境质量标准》(GB 3838—2002)规定的特定项目每年至少进行 1 次排查性监测的,得 3 分;[地下水型水源地]能按照《地下水监测规范》(SL 183—2005)有关规定对水位、取水量等进行定期监测的,得 3 分;[湖库型水源地]开展排查性监测或营养状况监测其中一项的,得 2 分;没按上述要求开展监测的,得 0 分
	在线监测	3	3	取水口附近水域具有水质水量在线监测的,得 3 分;取水口附近水域没有水质水量在线监测的,得 0 分

一级指标	二级指标	满分	得分	评估方法
监控评估	信息监控系统	2	1	建立水质水量安全监控系统,具备取水量、水质、水位等水文水资源监测信息采集、传输和分析处理能力的,得 2 分;水质水量安全监控系统,具备上述 1~2 项能力的,得 1 分;没有建立饮用水水源地水质水量安全信息监控系统的,得 0 分
	应急监测能力	3	3	具备预警和突发事件发生时,加密监测和增加监测项目的应急监测能力的,得 3 分;具备预警和突发事件发生时,具备加密监测或增加监测项目能力之一的,得 2 分;应急监测能力难以满足应对突发性应急监测需要的,得 0 分
监控评估得分		15	14	
管理评估	保护区划分	3	3	完成保护区划分工作并报省级人民政府批准实施的,得 3 分;未划分水源保护区的,得 0 分
	部门联动机制	2	2	建立水源地安全保障部门联动机制,实行资源共享和重大事项会商制度的,得 2 分;未建立水源地部门联动机制的,得 0 分
	法规体系	2	2	制定饮用水水源地保护的相关法规、规章或办法,并经批准实施的,得 2 分;没有制定饮用水水源地保护的相关法规、规章或办法的,得 0 分

一级指标	二级指标	满分	得分	评估方法
管理评估	应急预案及演练	3	3	制订应对突发水污染事件、洪水和干旱等特殊条件下供水安全保障的应急预案,每年至少开展一次应急演练,并建立人员、物资储备机制和技术保障体系,每具备一项得 1 分,共 3 分;应急预案、应急演练或应急储备都没有的,得 0 分
	管理队伍	3	3	水源地的管理和保护配备专职管理人员,落实工作经费,加强管理和技术人员培训的,得 3 分;人员配备不到位,工作经费相对紧张,关键管理和技术岗位培训能够保证的,得 2 分;人员和工作经费缺失严重,已经明显影响水源地管理工作效率,并且无明显改善趋势的,得 0 分
	资金保障	2	2	建立稳定的饮用水水源地保护资金投入机制的,得 2 分;未建立稳定的资金投入机制的,得 0 分
管理评估得分		15	15	
总分		100	97	

第7章 黄河流域重要饮用水水源地安全保障达标建设总结

黄河是中华民族的母亲河,是我国西北和华北地区的重要水源。做好饮用水水源地达标建设年度评估工作,对于黄河流域实行最严格的水资源管理制度,有效改善流域水质和水生态状况,保障流域水源地供水水质安全具有重要意义。

按照水利部相关要求,自2011年流域机构及省(区)经过近几年努力,在流域(片)内开展了一系列工作,目前由于资金、管理等多方面原因,主要对列入全国名录的重要饮用水水源地开展达标建设工作,已取得了阶段性成果。

7.1 重要饮用水水源地基本情况

根据《关于公布全国重要饮用水水源地名录的通知》(水资源函〔2011〕109号)(第一批、第二批、第三批),黄河流域(片)全国重要饮用水水源地共27个(含3个西北内陆河水源地)。其中:青海3个,甘肃2个,宁夏1个,内蒙古4个,陕西4个,山西3个,河南6个,山东3个,新疆1个。具体见表7-1。

表7-1　黄河流域(片)国家重要饮用水水源地一览表(修订前)

序号	名录中水源地名称	所在河流	类型	所在省(区)
1	乌拉泊水库水源地	乌鲁木齐河	水库	新疆
2	北川河地下水水源地	北川河	地下水	青海
3	北川河黑泉水库水源地	北川河	水库	青海
4	格尔木河地下水水源地	格尔木河	地下水	青海

序号	名录中水源地名称	所在河流	类型	所在省（区）
5	黄河鱼口水源地	黄河	河道	甘肃
6	武威市西郊水源地	石羊河	地下水	甘肃
7	南郊黄河水源地	黄河	地下水	宁夏
8	大黑河盆地地下水水源地	大黑河	地下水	内蒙古
9	呼和浩特市黄河水源地	黄河	河道	内蒙古
10	包头市黄河水源地	黄河	河道	内蒙古
11	霸王河地下水水源地	西北诸河	地下水	内蒙古
12	冯家山水库水源地	千河	水库	陕西
13	王瑶水库水源地	延河	水库	陕西
14	金盆水库水源地	黑河	水库	陕西
15	咸阳市地下水水源地	渭河	地下水	陕西
16	万家寨－汾河水库水源地	黄河、汾河	水库	山西
17	汾河盆地地下水水源地	汾河	地下水	山西
18	尧都区龙子祠泉－土门井片水源地	汾河	地下水	山西
19	邙山、花园口水源地	黄河	河道	河南
20	洛河地下水水源地	洛河	地下水	河南
21	郑州市东周水厂水源地	黄河	地下水	河南
22	开封市黑岗口水源地	黄河	河道	河南
23	三门峡市窄口－沟水坡水源地	宏农涧	水库	河南
24	郑州市石佛水厂地下水水源地	黄河	地下水	河南
25	黄河－鹊山、玉清湖水库水源地	黄河	水库	山东
26	济南市济西地下水水源地	玉符河	地下水	山东
27	济南市卧虎山－锦绣川水库水源地	玉符河、黄河	水库	山东

近年来国务院最严格水资源管理制度及水污染防治行动计划等对饮用水水源地的保护提出了更加严格的要求。为贯彻落实有关文件精神,水利部对原名录内的部分水源地进行了复核调整。按照《水利部关于印发全国重要饮用水水源地名录(2016 年)的通知》(水资源函〔2016〕383 号)文件,明确对全国供水人口 20 万人以上的地表水饮用水水源地及年供水量 2 000 万 m³ 以上的地下水饮用水水源地进行了核准(复核),核准后列入名录的共 618 个水源地,其中黄河流域 90 个,见表 7-2。

表 7-2 黄河流域(片)国家重要饮用水水源地一览表(修订后)

序号	名录中水源地名称	所在河流	类型	所在省(区)
1	北川河黑泉水库水源地	北川河	水库	青海
2	北川河石家庄水源地	北川河	地下水	青海
3	北川河塔尔水源地	北川河	地下水	青海
4	湟中县西纳川丹麻寺水源地	西纳川	地下水	青海
5	海东市互助县南门峡水源地	沙塘川	水库	青海
6	德令哈市城市供水水源地	巴音河	地下水	青海
7	格尔木市格尔木河冲洪积扇水源地	格尔木河	地下水	青海
8	兰州市黄河水源地	黄河	河道	甘肃
9	嘉峪关市北大河水源地		地下水	甘肃
10	嘉峪关市嘉峪关水源地		地下水	甘肃
11	金昌市金川峡水库水源地	内陆河石羊河	水库	甘肃
12	白银市武川水库水源地	大通河	水库	甘肃
13	武威市杂木河渠首城市饮用水水源地	杂木河水系	河道	甘肃
14	张掖市滨河新区三水厂水源地	黑河	地下水	甘肃

序号	名录中水源地名称	所在河流	类型	所在省（区）
15	平凉市给排水公司水源地	泾河	地下水	甘肃
16	酒泉市供排水总公司水源地		地下水	甘肃
17	巴家嘴水库水源地	蒲河	水库	甘肃
18	槐树关水库水源地	槐树关河	水库	甘肃
19	银川市东郊水源地		地下水	宁夏
20	银川市南郊水源地		地下水	宁夏
21	银川市北郊水源地		地下水	宁夏
22	贺家湾水库水源地	清水河	水库	宁夏
23	石嘴山市第二水源地	黄河	地下水	宁夏
24	石嘴山市第三水源地	黄河	地下水	宁夏
25	呼和浩特市黄河水源地	黄河	河道	内蒙古
26	呼和浩特市城区地下水饮用水水源地		地下水	内蒙古
27	包头市黄河画匠营子水源地	黄河	河道	内蒙古
28	包头市黄河磴口水源地	黄河	河道	内蒙古
29	乌海市海勃湾区城区水源地	黄河	地下水	内蒙古
30	乌海市海勃湾区北水源地	黄河	地下水	内蒙古
31	临河区第一自来水厂—黄河水厂水源地	总干渠	地下水	内蒙古
			地下水	内蒙古
32	万家寨 - 汾河水库水源地	黄河、汾河	水库	山西
33	太原市兰村水源地		地下水	山西
34	太原市枣沟水源地		地下水	山西
35	太原市三给水源地		地下水	山西

序号	名录中水源地名称	所在河流	类型	所在省(区)
36	晋城市郭壁水源地	黄河	地下水	山西
37	松塔水库水源地	黄河	水库	山西
38	运城市蒲州水源地	涑水河	地下水	山西
39	临汾市龙子祠泉水源地	黄河	地下水	山西
40	吕梁市上安水源地	山川河	地下水	山西
41	黑河金盆水库水源地	渭河一级河流	水库	陕西
42	石砭峪水库水源地	滈河	水库	陕西
43	李家河水库水源地	渭河	水库	陕西
44	西安市自来水公司二水厂灞浐河水源地	渭河	地下水	陕西
45	西安市自来水公司三水厂沣涝河水源地	渭河	地下水	陕西
46	西安市自来水公司四水厂渭滨水源地	渭河	地下水	陕西
47	石头河水库水源地	渭河	水库	陕西
48	桃曲坡水库水源地	沮河	水库	陕西
49	冯家山水库水源地	黄河	水库	陕西
50	咸阳市自来水公司水源地	渭河	地下水	陕西
51	沈河水库水源地	渭河	水库	陕西
52	涧峪水库水源地	渭河	水库	陕西
53	王瑶水库水源地	延河	水库	陕西
54	瑶镇水库水源地	秃尾河干流	水库	陕西
55	榆林市自来水公司红石峡水源地	榆溪河	地下水	陕西

序号	名录中水源地名称	所在河流	类型	所在省（区）
56	郑州市东周水厂水源地	黄河	地下水	河南
57	郑州市石佛水厂地下水水源地	黄河	地下水	河南
58	郑州市黄河水源地	黄河	河道	河南
59	开封市黄河水源地	黄河	河道	河南
60	洛阳市地下水水源地		地下水	河南
61	新乡市黄河水源地	黄河	河道	河南
62	濮阳市黄河水源地	黄河	河道	河南
63	西段村水库水源地	洛河	水库	河南
64	卫家磨水库水源地	宏农涧河支流坝底河上游	水库	河南
65	济源市自来水公司小庄水源地		地下水	河南
66	玉清湖水库水源地	黄河	水库	山东
67	鹊山水库水源地	黄河	水库	山东
68	狼猫山水库水源地	小清河	水库	山东
69	锦绣川水库水源地	黄河	水库	山东
70	卧虎山水库水源地	玉符河	水库	山东
71	章丘市圣井水厂水源地	巨野河	地下水	山东
72	济南市东郊水源地	黄河	地下水	山东
73	济南市西郊水源地	黄河	地下水	山东
74	济南市济西水源地	黄河	地下水	山东
75	黄前水库水源地	大汶河支流石汶河	水库	山东

序号	名录中水源地名称	所在河流	类型	所在省（区）
76	金斗水库水源地	大汶河南支柴汶河支流平阳河	水库	山东
77	乔店水库水源地	大汶河	水库	山东
78	乌拉泊水库水源地	乌鲁木齐河	水库	新疆
79	柴窝堡水源地	乌鲁木齐河	地下水	新疆
80	白杨河水库水源地	白杨河水系	水库	新疆
81	榆树沟水库水源地	榆树沟河	水库	新疆
82	昌吉市供水有限公司第二水厂水源地	三屯河	地下水	新疆
83	库车县供排水公司水源地	库车河	地下水	新疆
84	第十二师红岩水库水源地	头屯河	水库	新疆
85	第七师奎屯天泉供水有限责任公司达子庙水源地	奎屯河	地下水	新疆
86	第五师双河市塔斯尔海水库水源地		水库	新疆
87	第六师青格达湖水源地	乌鲁木齐河、头屯河、老龙河	地下水	新疆
88	第一师胜利水库水源地	阿克苏河	水库	新疆
89	第三师小海子水库水源地	叶尔羌河	水库	新疆
90	第四师可克达拉市供水工程水源地	匹里青河	地下水	新疆

7.2 评估过程

黄河流域(片)全国重要饮用水水源地列入前三批的共 27 个，2016 年修订后达到 90 个，达标建设评估主要是采取自评、现场抽查、流域复核相结合的方式进行。

(1)成立饮用水水源地安全保障联络组。

成立了黄河流域重要水源地达标建设联络组，联络组由流域机构和流域各省(区)水行政主管部门负责人组成，负责黄河流域重要饮用水水源地安全保障达标建设工作技术指导、协调及考核等联络工作。联络组在达标建设资料收集、建设过程技术指导及年度评估等过程中起到了良好的沟通协调作用，保证了水源地建设评估工作的顺利开展。

(2)形成稳定的饮用水水源地安全保障投入机制。

从 2011 年起，流域(片)各省(区)积极通过各种融资渠道，包括水利、环保、城建等不同部门，大部分省(区)形成了稳定的投入运行机制，大力实施饮用水水源地保护工程，多方面保障饮用水水源地安全。

(3)省(区)积极开展饮用水水源地达标建设自评估。

根据水利部饮用水水源地达标建设评估指南，对照 4 项总目标细化的评估指标，省(区)积极开展饮用水水源地年度达标建设自评估工作，通过自评估及时发现不足和问题，为下年度开展达标建设工作指明方向。

(4)制订年度达标建设实施方案，实施达标建设工程及非工程措施。

各省(区)水行政主管部门按照水利部"水量保证、水质合格、监控完备、制度健全"的饮用水水源地达标建设总体目标要求，根据自评估发现的不足和问题，制订下年度达标建设实施方案，下年度对照达标建设实施方案完善水源地达标建设工程及非工程措施，逐步趋于总目标。

(5)现场查勘流域(片)饮用水水源地达标建设工作情况。

为督查、指导省(区)开展达标建设工作，流域管理机构组成督查小组进行现场查勘,对水源地达标建设工程实施进度、实施位置等进行查勘,督促、指导水源地管理部门开展工作。

(6)完成流域(片)饮用水水源地达标建设成果审核上报工作。

根据省(区)上报自评结果,项目组认真复核水源地年度评估得分,并抽查性地对水源地水质开展现场监测,对年际间变化情况逐一与省(区)沟通、反馈,与省(区)达成一致后作为年度水源地的最终评估结果上报水利部,纳入省(区)最严格水资源管理制度考核的内容。

7.3 指标安全状况总结

7.3.1 水量安全

参与评估的重要水源地中,水量保障完全达标(满分)的水源地占总数的62%,其他水源地水量保障不达标原因主要是没有建立应急备用水源地、水量调度管理不完善。

参评水源地供水保证率全部达到95%以上;应急备用水源地建设完善的占水源地总数的82.8%;供水设施运行安全的水源地占总数的89.7%,仅10.3%的水源地供水设施偶尔出现事故,抢修后能够正常供水。

7.3.2 水质安全

水质保障安全(满分)的水源地占总数的37.9%,其他水源地主要存在封闭管理及界碑设立不完善,保护区及准保护区还存在水质污染隐患、植被覆盖率低等不足。水质满足Ⅲ类标准及以上的占评估总数的96.6%,仅个别水源地由于受黄河上游来水水质影响而水质不稳定。

取水口水质达标率合格的水源地占总数的96.6%,仅呼和浩特市黄河水源地全年水质达标率不满足要求;96.6%的水源地保护区内没有入河排污口,个别水源地由于历史原因还存在入河排污口;90%左右的水源地保护区内综合治理到位,80%左右的水源地准保护区内综合治理到位、保护区适宜绿化的范围植被覆盖率达要求。

7.3.3 监测监控

流域总体监测监控能力仍需进一步提高,80%左右的水源地对取水口及重要设施实现24 h视频监控,86%的水源地实现了水质在线监测。信息监测系统完善的水源地占总数的65%左右,有待进一步加大资金投入实现信息共享。90%的水源地具备应急监测能力,能够应对突发水污染事件。

7.3.4 监督管理

流域重要水源地保护区均已划分并批复。管理保障齐备的水源地占总数的48.3%,不达标水源地多为法规体系缺失、资金得不到保障、没有形成联动机制等。制定法规体系并经批准实施的水源地占总数的96.6%,普遍存在资金难以得到保障的问题,还需加大资金投入。

7.4 评估工作取得的成效

(1)达标建设有序推进。

流域(片)及各省(区)高度重视国家重要饮用水水源地安全保障达标建设工作,流域及省(区)联合成立了流域达标建设评估领导小组,明确分工,落实责任。连续开展达标建设工作5年来,一贯按照水源地达标建设"水量保证、水质合格、监控完备、制度健全"的总体目标要求,及时发现水源地达标建设存在的问题,以水质、水量为重点,不断加强监测监控能力和综合管理体系建设,注重年度计划制订和经验总结,有序推进达标建设评估工作。

(2)水质水量持续稳定。

"十二五"末供水保证率全部达到95%以上;供水设施运行稳定的水源地占评估总数的89.7%。水源地水质全年达到或优于Ⅲ类标准的次数不少于80%的水源地占评估总数的96.6%,"十二五"期间水质达标率持续稳定。

（3）监测监控逐步提高。

"十二五"末实现 24 h 视频监控的水源地占评估水源地总数的79.3%,较 2014 年增加 4 个水源地,逐年稳步增加;86.2% 的水源地实现了水质在线监测,较 2014 年增加 7 个水源地,总体监测监控能力呈提高趋势。

（4）保障投入不断加大。

"十二五"末流域重要饮用水水源地均已完成保护区划分并通过批复。多数水源地制订了特殊条件下应急预案并开展了演练,具备专门的管理队伍,资金投入力度不断加大,但普遍存在法律法规和资金保障机制尚不完善的问题。

7.5 评估工作存在的问题

（1）多头管理,有待规范。

目前,黄河流域（片）全国重要饮用水水源地主要涉及水利、环保及城建等多个部门,各部门之间管理工作普遍缺乏协调性,水源地管理体制尚不健全,水源地相关信息不能共享。根据《水法》、《水污染防治法》以及《国务院关于实行最严格水资源管理制度的意见》（国发〔2012〕3 号）等有关要求,饮用水水源地保护责任主体是地方人民政府。而全国重要饮用水水源地安全保障达标建设的主体为省级水行政主管部门,评估形式为流域管理机构会同省级水行政主管部门进行,由于缺少统一的管理和协作机制,部门间在水源地安全保障达标建设工作的衔接上存在盲点,在一定程度上影响了水源地安全保障达标建设工作的有效开展,主要体现在基础资料难以获取、建设期及检查评估期协调难度大、日常监管难以到位、检查评估工作开展难度大等方面。

（2）评估指标体系尚不完善,水质、水量赋分占比需进一步提高。

水源地达标评估工作连续开展以来,处于不断摸索前进状态。评估指标体系不断完善,部分指标缺乏中间赋分项,导致赋分结果不能客观反映水源地安全状况,赋分存在主观性和省际不一致问题,难以准确合理地反映水源地达标建设的真实情况。

建议完善现有评价指标体系,尽快下达更客观、更符合实际情况并便于操作的评价指标,尽量避免评分的主观性和不确定性。

(3)水源地监测监控能力薄弱,突发水污染事件应对能力不足。

流域重要饮用水水源地监测监控能力相对薄弱,部分水源地未实现在线监测和24 h视频监控,信息监控系统尚不完善,个别水源地应急监测能力有待提高,一旦发生水污染事件,难以建立处理突发性水污染事件的快速反应机制。个别供水城市缺乏应急备用水源地,突发水污染事故期间居民正常生活用水难以保障。

(4)水源地法规体系不健全,执法力度不足。

尽管现行《水法》《水污染防治法》《水土保持法》《城市供水条例》等法律、行政法规都有关于饮用水水源地保护的规定,但是这些法规起草和颁布的机构不同、效力不同,对水源地违法行为的界定过于宽泛、模糊,不能满足现行饮用水水源地保护和管理的需要。另外,由于历史原因,部分水源地保护区范围划分较晚,保护区内建筑建设在先,存在居民、农牧业等排污问题,虽然已多次采取相关清理措施,但由于执法力度不足,部门间协调不够,导致治理难度大,保护区内依然存在污染隐患。

(5)经费投入不足,管理队伍建设不够完善。

一是经费投入不足。稳定的饮用水水源地保护资金投入渠道和投入机制还不完善,经费投入不足,开展水源地保护工作的资金来源不明确,一定程度影响了该项工作的正常开展。二是管理队伍配备不完善,管理和技术人员培训不能得到有效保证。个别水源地尚缺乏管理和保护专职管理人员,部分水源地管理经费不足,水源地工作人员不能参加或没有进行相关技术培训。以上因素都会对水源地达标建设工作顺利开展带来一定困难。

7.6 评估工作建议及计划

(1)统一水源地管理部门,形成多部门联动机制。

2012年初,《国务院关于实行最严格水资源管理制度的意见》(国发〔2012〕3 号〕明确要求"加强饮用水水源保护。各省、自治区、直辖市人民政府要依法划定饮用水水源保护区,开展重要饮用水水源地安全保障达标建设"。建议尽快将此项工作上升到省级人民政府层面,成立以省级人民政府为责任主体的重要饮用水水源地安全保障达标建设领导小组,水利牵头,环保、城建等多部门配合参与的饮用水水源地安全保障部门联动机制,统一思想,沟通协调,有力推进水源地达标建设工作。

(2)完善评估指标体系,开展饮用水水源地评估指标及评估方法技术培训。

尽快征求流域机构及省(区)对《全国重要饮用水水源地安全保障评估指南(试行)》的意见,增加水质、水量评估指标比重。同时,完善后开展评估指标及评估方法技术培训,统一认识,规范赋分标准,更加真实、客观地对各水源地达标建设工作情况进行打分,并将评分结果通报相关省(区)。目前,全国水源地安全保障达标建设评估已与实施最严格水资源管理制度年度考核相衔接,其评估结果将作为实施最严格水资源管理制度年度考核的依据之一。

(3)提高监测监控能力,建立流域重要水源地数据信息管理系统。

建议多渠道争取资金,提高水源地监测监控能力,水利、环保等部门通力协作,共同构建完善的监测监控体系,全部水源地实现 24 h 视频监控和水质水量在线监测,具备完善的信息监控系统和数据分析处理能力,实现各部门监测数据共享,建立流域重要水源地数据信息管理系统,使水源地基本信息数字化,基层水源地管理部门及时更新数据,使流域水主管部门能够及时掌握水源地基本信息。加强水源地应急处置能力和监测预警系统建设,增强应对突发水污染事件的处置能力。

(4)建立健全饮用水水源地保护法规体系及保护制度,切实保证水源安全。

目前,国家层面尚缺乏饮用水水源地专项法规,造成水源地保护执法依据不系统、不充分。从国家层面建立健全水源地保护法规体系和保护制度,进一步明确保障饮用水水源地安全的部门职责和责任,切实发挥人民政府责任主体地位,多部门联动出击,严格按照水源地保护法规进行执法,逐步消除保护区和准保护区内污染源及建筑等污染隐患,做到有法可依,切实保障水源地安全。

(5)加大水源地保护投入力度,形成稳定的资金保障机制。

水源地保护事关人民群众身心安全,饮用水水源保护工作刻不容缓,从国家到地方各级政府都应增加饮用水水源保护资金的投入,从国家层面出台相关政策,设立水源地达标建设专项经费,形成稳定的资金保障机制,对机构建设、队伍建设、信息系统建设、科研培训、综合治理等方面给予经费保障。落实各项保护措施,保障达标建设工作持续顺利开展,及时应对水源地监测、管理中出现的特殊问题,以及可能出现的突发事件,确保水源地安全。

第8章 重要饮用水水源地安全保障达标建设管理机制探索

8.1 重要饮用水水源地安全保障达标建设管理框架

8.1.1 流域重要饮用水水源地分级负责管理制度

黄河流域重要饮用水水源地保护管理,实行地方人民政府行政首长负责制和饮用水水源地主管部门或者单位主要领导负责制。

黄河流域水资源保护局为黄河水利委员会水资源保护的行政主管机构,负责流域内重要饮用水水源地保护管理工作的总体规划、指导、协调和检查。

黄河流域重要饮用水水源地保护管理工作的实施由负责管辖的省级人民政府负责,省级人民政府统筹协调相关部门做好水源地工程建设、安全保障达标建设、重要饮用水水源地申报、水源地安全评估等水源地保护与管理工作。

跨行政区域重要的饮用水水源地取水工程由水源所在地人民政府会同相关人民政府组织实施,并加强与流域管理机构的联系;跨流域调水工程,分别由水源所在地人民政府按照各自管辖区域负责实施,由流域管理机构组织协调。

8.1.2 流域重要饮用水水源地部门联动机制

按照《国务院关于实行最严格水资源管理制度的意见》(国发〔2012〕3 号)中"加强饮用水水源保护。各省、自治区、直辖市人民政府要依法划定饮用水水源保护区,开展重要饮用水水源地安全保障达标建设"的明确要求,流域各相关省(区)成立以省级人民政府为责任主体的重要饮用水水源地保护管理领导小组,水利牵头,环保、城建、国土等多部门配合参与的重要饮用水水源地联动管理机制,联合负责水源地工程建设、安全保障达标建设、重要饮用水水源地申报、水源地安全评估等水源地保护与管理工作。

8.1.3　流域重要饮用水水源地核准公布与变更指南

8.1.3.1　饮用水水源地核准公布指南

流域所辖省(区)水行政主管部门负责对所辖范围内饮用水水源地水量安全、水质安全、水生态安全、防洪安全、水工程安全以及植被覆盖率等影响因素进行综合评估,核准后上报黄河流域水资源保护局,黄河流域水资源保护局审查认定后,报主管部门批准后予以公布。

1.地表水饮用水水源地设置

地表水饮用水水源地由各市、县(市、区)水行政主管部门会同环保、供水等部门提出,经同级人民政府同意后报省级水行政主管部门核准。跨行政区域的地表水饮用水水源地由相关人民政府水行政主管部门提出,报省级水行政主管部门核准。供水人口50万人以上和跨省取水的地表水饮用水水源地,经黄河流域水资源保护局审查后报国务院水行政主管部门核准。其他饮用水水源地,由省水行政主管部门核准,并征求省环境保护行政主管部门、城市建设行政主管部门等部门意见。

2.地下水饮用水水源地设置

地下水饮用水水源地由各市、县(市、区)水行政主管部门会同环保、供水等部门提出,经同级人民政府同意后报省级水行政主管部门核准。跨行政区域的地下水饮用水水源地设置,由相关人民政府水行政主管部门提出,报省级水行政主管部门核准。供水人口5万人以上和跨省的地下水饮用水水源地,经黄河流域水资源保护局审查后报国务院水行政主管部门核准。其他饮用水水源地,由省水行政主管部门核准,并征求省环境保护行政主管部门、城市建设行政主管部门等部门意见。

3. 饮用水水源地备用水源设置

地方各级人民政府应当建立重要饮用水水源地备用水源,在饮用水水源地发生突发污染事故或者供水量不足时保证城乡居民生活用水。饮用水备用水源地应具备相同或不低于 80% 的水源地正常供水能力,应具备备用水源的快速切换能力、监测能力、应急启动能力等,保证供水安全。

4. 重要饮用水水源地名录核准与公布

各市、县(市、区)重要饮用水水源地名录由各地水行政主管部门提出、同级人民政府审查,并报省级水行政主管部门核准。各省(区)水行政主管部门核准后汇总所辖重要饮用水水源地名录,并上报流域主管机构。流域主管机构审核后,汇总上报国务院水行政主管部门审批认定,并负责转达下发国务院水行政主管部门的认定结果,及时更新公布本流域重要饮用水水源地名录。

8.1.3.2 重要饮用水水源地变更管理指南

对于存在安全隐患较多,不符合地表水(环境)功能区划和国家有关标准、规范的要求,或不能保障供水安全的,省(区)、市、县(市、区)人民政府有权予以关闭,并新设替代饮用水水源地,报流域主管机构备案。对于流域重要饮用水水源地,未满足《全国重要饮用水水源地安全保障达标建设目标要求(试行)》,来实现达标建设目标的,应限期整改,整改后仍不达标的,流域主管机构负责将其从流域重要饮用水水源地名录中删除,并通报有关地方政府。

流域主管机构负责将重要饮用水水源地变更名录及原因上报国务院水行政主管部门备案。

8.1.4 流域重要饮用水水源地安全信息公告与通报制度

流域饮用水水源地安全信息公告制度。饮用水水源地安全信息包括储水量信息、水质信息、供用水信息、工程设施运行状况、水源保护区管理状况等,汛期(夏汛,6~10月)还包括防洪抗旱方面的相关信息。饮用水水源地主管部门或单位负责定期向社会公告水源地安全信息,一般以季度为周期,公告方式以网站公告和公告牌公告为主。饮用水水源地主管部门或单位负责上报所在地水行政主管部门,同时抄报环保、供水等相关部门。所在地水行政主管部门及相关部门负责监督核查水源地安全信息的真实性。

流域重要饮用水水源地安全信息通报制度。对于流域重要饮用水水源地,水源地安全信息不符合《入河排污口监督管理办法》、《取水许可管理办法》、《生活饮用水卫生标准》(GB 5749—2006)、《饮用水水源保护区污染防治管理规定》、《饮用水水源保护区划分技术规范》等要求且影响水源地功能时,重要饮用水水源地主管部门或单位及时采取措施予以整改,同时上报所在地水行政主管部门。省(区)、市、县(市、区)水行政主管部门负责定期汇总、通报所辖范围内的重要饮用水水源地安全信息,一般以季度为周期,通报方式以网站通报和纸质文件下达为主。

省(区)水行政主管部门负责将所辖重要饮用水水源地安全信息汇总上报流域主管机构备案。

8.1.5 流域重要饮用水水源地安全保障达标建设管理制度

为落实水利部《关于开展全国重要饮用水水源地安全保障达标建设的通知》(水资源〔2011〕329号)等文件,规范流域重要饮用水水源地安全保障达标建设工作,达到"水量保证、水质合格、监控完备、制度健全",并建成和完善重要饮用水水源地安全保障体系,实行流域重要饮用水水源地安全保障达标建设管理制度。本流域其他饮用水水源地安全保障建设工作可参照执行。

8.1.5.1 **管理职责**

重要饮用水水源地安全保障达标建设工作的实施由管辖的省级人民政府负责。省(区)人民政府统筹协调其相关部门,督促、协调水源地安全保障达标建设及管理。

流域主管机构负责对流域内重要饮用水水源地安全保障达标建设评估工作进行总体协调,会同省(区)开展重要饮用水水源地安全保障达标建设检查评估,完成上年度流域内重要饮用水水源地安全保障达标建设评估汇总和上报工作。

跨行政区域的由饮用水水源地取水工程所在地人民政府会同相关人民政府组织实施,并加强与流域主管机构的联系;跨流域调水工程,分别由水源所在地人民政府按照各自管辖区域负责实施,由流域主管机构组织协调。

8.1.5.2　达标建设工作实施

省(区)水行政主管部门应制订本辖区列入名录的重要饮用水水源地安全保障达标建设总体工作计划,报省级人民政府,并上报流域主管机构。负责饮用水水源地安全保障达标建设工作的水行政主管部门应按照重要饮用水水源地安全保障达标建设总体工作计划,制订并实施达标建设方案。

地方人民政府负责组织对辖区内重要饮用水水源地开展上年度安全保障达标建设情况进行自评估,并将年度自评、总结及本年度实施方案等材料报送省(区)水行政主管部门。

省(区)水行政主管部门每年定期将前一年度的达标建设自评总结和下一年度具体工作计划(含安全保障达标建设饮用水水源地工作方案)上报流域主管机构。

流域主管机构对报送的材料进行审核和汇总,并会同各省(区)水行政主管部门对所辖重要饮用水水源地安全保障达标建设进行现场抽查评估,并将审核和抽查评估情况上报国务院水行政主管部门。

8.1.5.3　经费来源

重要饮用水水源地安全保障达标建设工作所需经费以地方为主解决,各级政府应将其纳入财政预算,每年由财政拿出一定比例的资金专门用于重要饮用水水源地安全保障达标建设工作。流域机构负责督查各省(区)经费落实情况。

8.1.5.4　安全评估

流域重要饮用水水源地安全评估制度是在重要饮用水水源地安全保障达标建设管理制度的基础上实行的,《全国重要饮用水水源地安全保障达标建设目标要求(试行)》(以下简称《目标要求》)和《全国重要饮用水水源地安全保障达标评估指南(试行)》是其基本依据。

1. 评估方法

流域重要饮用水水源地安全评估采取自评,省(区)水行政主管部门审核抽查、认定,并上报流域主管机构备案的方法。安全评估由省(区)定期组织,每年一次。

各市、县(市、区)按照《目标要求》组织对本辖区重要饮用水水源地上一年度安全保障达标情况进行自评估,自评达到合格以上标准的,由市、县(市、区)人民政府向省级水行政主管部门提出安全评估核查认定申请。自评估材料还应作为流域重要饮用水水源地安全保障达标建设工作考核验收的依据。

省级水行政主管部门会同环保等部门组织对自评合格的重要饮用水水源地进行核查认定。对核查认定为合格以上的水源地,报请省人民政府批准后,报流域主管机构备案;对核查认定为不合格的,提出整改要求,并组织复评,直至达到合格。

流域重要饮用水水源地安全自评采用得分制,分为优良(90~100分)、合格(80~90分)、不合格(80分以下)三个等级,优良、合格等级分数均含下限。

2. 评估结论标准

流域重要饮用水水源地安全评估结论以自评得分为基础,结合重要饮用水水源地安全事故、日常监督检查等情况,最终确定评估结论。

评估结论为优良的,应同时符合以下条件:达标建设得分为90分(含)~100分;水源地未发生一般事故(含)以上事故;无指标分值为0分;认真组织开展重要饮用水水源地安全保障达标建设,在日常监督检查中没有受到严重警告、警告或通报批评。

评估结论为合格的,应同时符合以下条件:达标建设得分为80分(含)~90分;水源地未发生一般事故(含)以上事故;认真组织开展重要饮用水水源地安全保障达标建设,在日常监督检查中没有受到严重警告、警告或通报批评。

有以下情况之一的,评估结论为不合格:达标建设得分在80分以下的;水源地发生一般事故(含)以上事故;未认真组织开展重要饮用水水源地安全保障达标建设,在日常监督检查中受到严重警告、警告或通报批评。

8.1.6　流域重要饮用水水源地生态补偿制度

饮用水水源地环境保护补偿是运用一定的政策或法律手段,调整水源地保护相关者之间的利益关系,由水源地保护成果的"受益者"支付相应的费用给"损失者",促进水源地生态服务功能增值。显著特征是补偿的单向性,即中下游区域向上游源头地区的补偿。一般包括两方面:一是保护补偿,对水源地保护区内保护设施投入进行补偿;二是发展补偿,对当地政府和农民牺牲的发展权益进行补偿,包括对当地财政收入减少和对农民生产损失以及移民搬迁等的补偿。补偿形式包括资金补偿、财政转移支付、实物补偿、项目补偿、产业补偿、技术和智力补偿等。

生态补偿包括补偿对象、补偿要素、补偿标准和补偿方式。

(1)补偿对象:主要有两类,一是生态保护者,二是减少生态破坏者。水源地生态保护者主要包括保护区内水源涵养林的种植及管理者、水源地建设及管理者以及其他生态建设及管理者,其主体可能是当地居民、村集体,也可能是当地政府。减少生态破坏者主要指保护区内的为维持良好的水资源生态而丧失发展权的主体,如企业在生产品种的选择上,为保持生态而只能选择无污染项目;居民家庭无法选择养殖业,在种植业经营中,由于减少化肥使用量而带来机会损失;当地政府由于无法对旅游资源开发经营、无法招商引资从而带来财政收入的减少等。

(2)补偿要素:对水源地进行生态补偿还要考虑对补偿对象补偿哪些要素,这一方面是对生态贡献者的实际经济及劳动投入进行补偿,另一方面还能起到引导作用。补偿要素主要分为两类:一是实际投入,包括水源地使用价值的投入、水源涵养林经营投入、水源投入、管护投入、基础设施投入以及其他投入等。二是机会损失,主要是针对减少生态破坏者而言的,指水资源供给者为维护水源地生态而损失的投资、开发和经营损失。

(3)补偿标准:是生态补偿的核心,关系到补偿的效果和补偿者的承受能力。只有对生态资源做出科学、合理的评估,确定生态补偿标准,才能顺利构建生态补偿机制。对生态补偿标准的确立可从两方面衡量:一是水源地生态供给者经济行为的成本;二是水源地生态供给者行为产生的效益。

(4)补偿方式:分为直接补偿和间接补偿。直接补偿是受益对象根据水源地提供的水资源和水生态,结合其经济发展水平以及支付意愿而提供给水源地的补偿,由于采用市场化的方式,又称为市场化补偿。间接补偿是水源地受益者以税收或生态基金等形式将资金转移给财政部门,然后通过财政转移支付等形式补偿给水源地,因此又称为政府补偿。

为进一步提高水源地安全保障水平,推动流域重要饮用水水源地保护管理工作开展,按照"谁污染、谁补偿,谁保护、谁受益"的原则,制定流域重要饮用水水源地生态补偿制度,形成良好的水源地上下游生态补偿机制。

相关省(区)人民政府负责所辖范围内的重要饮用水水源地生态补偿工作的实施和协调。省(区)环境保护行政主管部门负责制订重要饮用水水源地生态补偿水质监测方案,确定水源地保护区生态补偿水质监测断面、监测项目、监测频次,并负责水源地保护区生态补偿水质监测数据质量保证及管理工作;省(区)水行政主管部门负责制订水源地保护区生态补偿水量监测方案,并负责水源地保护区生态补偿水量监测数据质量保证及管理工作;省(区)财政部门负责生态补偿金扣缴及资金转移支付工作。

流域主管机构负责会同省(区)制定重要饮用水水源地生态补偿标准、生态补偿金计算办法和生态补偿金的支付与奖励办法。流域主管机构负责监督相关省(区)重要饮用水水源地生态补偿制度的实施。

跨行政区域的重要饮用水水源地,由流域主管机构负责协调相关省(区)间的生态补偿实施,一般下游地区补偿上游地区。

地下水水源地的生态补偿参照地表水水源地执行。

8.1.7 流域重要饮用水水源地资金投入机制

考虑到饮用水水源保护的公益性,建议黄河流域各相关省(区)在年度财政预算中落实饮用水水源地保护资金,必要时,设立专项资金。中央政府和地方政府对国家级重要饮用水水源地的建设和管理提供相应比例的财政支持,中央政府的财政扶助重点在建设监管体系,地方政府则应对水源地建设、日常维护、应急预案的物资和人员准备方面重点投入。

8.1.8 流域重要饮用水水源地社会监督平台

相关省(区)、市、县(市、区)水行政主管部门负责建立专门投诉电话、电子信箱和投诉调查与处理办法,接受水源地保护管理方面的社会监督与投诉。水源地主管部门或单位做好相关投诉处理记录。

流域主管机构负责定期抽查重要饮用水水源地的投诉及其处理情况,必要时,提出进一步的处理意见。

8.2 典型饮用水水源地管理情况对照与完善对策

8.2.1 邙山提灌站水源地

(1)加快构建以水质监测为基础的水质管控体系。

按照《全国重要饮用水水源地安全保障达标建设目标要求(试行)》中水质达标建设目标要求,结合邙山提灌站水源地实际,加强水源地保护区封闭管理的同时,应加快构建以水质监测为基础的水质管控体系。邙山提灌站水源地水质受黄河来水影响较大,输送水过程中受渠道周边环境影响较大,因此水质管控应从这两方面着手。

建议首先对泵送进入一、二级沉沙池的来水水质进行初步监测,符合要求后方可进入输送水渠道;其次,应加强沿线的农业面源污染防治、工业污染排放治理等。此外,目前,邙山提灌站水源地水质监测由自来水公司自行负责不定期取水、送样监测,管委会未建立专门的水质监测管理机构。这样一种水质监测其实质是用水单位的水质监测与处理,作为水源地管理部门,未能建立自我水质监测管理体系,忽视水源地水质监管工作,是不利于水源地安全的做法。建议郑州黄河供水旅游公司积极申报相关投入资金,委托具有专业资质的水质检测单位,定期(一般为一旬一次)取样检测,并提交水质分析报告单,郑州黄河供水旅游公司据此不断调整水质监管工作。

另外,由于邙山提灌站水源地水源为黄河水,其水质、水量均受上游影响较大,因此加强与上游管理部门的联系也是非常重要的一个方面,郑州黄河供水旅游公司应引起足够重视。

(2)建立水源地安全信息公告与通报制度。

针对邙山提灌站水源地安全信息公告与通报工作空白的局面,建议邙山提灌站水源地抓紧制定符合水源地特征或需求的安全信息公告与通报制度。建立安全信息公告制度时,尤其应结合水源地位于旅游景区这一重要特征,重点考虑如何保证进入水源地周边的游客能很好地了解周边水环境信息以及应该如何规范个人行为。另外,建立水源地安全信息公告与通报工作制度时,应明确信息采集内容、信息采集深度、信息公告内容、信息通报流程等具体事项,并将其工作职责分解到部门或个人,建立规范完善的邙山提灌站水源地安全信息公告与通报制度。

(3)探索建立水源地资金长效投入机制。

调研发现,单纯的生态补偿费用已经难以满足水源地保护管理的需要,这也是限制邙山提灌站水源地安全保障达标建设工作更好更快推进的重要因素。

邙山提灌站位于郑州市黄河生态旅游风景区内,由郑州市黄河生态旅游风景区管委会负责管辖,管委会具有相对完整的行政职权,加上黄河生态旅游风景区的旅游收益,建议管委会尝试探索研究多元的水源地保护管理资金投入机制。与石头河水库水源地的生态补偿试点探索研究不同,邙山提灌站水源地可以根据自身这一优势,创造"取之于景区,用之于景区"的资金运作模式,与生态补偿管理制度共同实施,加大资金投入保障力度,有效促进水源地保护管理工作。

8.2.2　石头河水库水源地

（1）加快形成分级负责与部门联动的网状管理局面。

目前,陕西省水行政主管部门提出建立水源地安全保障部门联动机制,实行资源共享和重要事项会商的管理制度。在此契机下,石头河水库灌溉管理局应积极牵头建立符合石头河水库水源地管理诉求的安全保障部门联动机制,主要包括涉及部门、职责分工、联动模式、会商事项等,进一步形成纵向分级、横向联动的水源地网状管理局面,确保石头河水库"水源地管理360度"。

（2）完善水源地安全信息公告与通报制度。

针对石头河水库水源地安全信息公告与通报工作形式单一、内容不全、水源地保护区公告力度不足、安全信息通报被动等问题,建议石头河水库水源地抓紧制定符合水源地特征或需求的安全信息公告与通报制度,并将其工作职责分解到部门或人,建立规范完善的水源地安全信息公告与通报制度。

（3）试点探索水源地生态补偿管理制度。

2015 年,石头河水库水源地被黄河流域水资源保护局确定为流域水生态补偿试点,探索黄河流域饮用水水源地生态补偿机制建设。石头河水库位于陕西省太白县,地处秦岭腹地,是陕西省重要的水源地保护区,太白县受水源涵养区制约,其产业发展和项目建设受到限制,承担的生态环境保护的重任和财政压力不断加大。因此,太白县对于开展石头河水库水源地生态补偿机制试点建设有着强烈的意愿。但石头河水库供水城市较多,有西安、咸阳、杨凌、宝鸡四市(区),以及岐山县五丈原镇的供水任务,饮用水人口达 1 300 余万人,生态补偿主体确定及协调难度较大。

建议石头河水库水源地水生态补偿试点建设研究探索工作在相关部门配合指导下,从以下方面着手:

①黄河流域水源地生态补偿总体实施框架。摸清当前我国水源地生态补偿现状、存在的问题和制约因素,了解水源地生态补偿的主要制

度和关键任务。开展生态补偿总体框架研究,主要包括生态补偿内涵及补偿原则研究、水源地生态补偿分类研究、水源地生态系统服务价值研究、不同类型经济活动对水源地生态环境影响分析、水源地有关生态损益关系分析、水源地生态补偿原则与标准研究、水生态补偿政策体系研究。

②编制石头河水库水源地生态补偿实施方案。开展石头河水库水源地生态补偿机制现状调查研究、生态补偿主体和对象研究、水源涵养与水源地生态补偿标准测算、水源地生态补偿的内容与方式,包括水源地生态补偿的主要内容、补偿方式以及资金来源等。

(4)实行社会公众监督管理制度。

"众人拾柴火焰高",对于水源地保护管理而言,应该把发挥社会公众的管理力量放在同等重要的位置。目前,由于水源地保护管理工作的专业性和水源地保护区的封闭管理性,社会公众参与水源地保护管理还具有一定的局限性,但可以实现社会公众的监督管理职能。

一方面,建议石头河水库水源地接受水源地保护管理方面的社会监督与投诉;另一方面,建议石头河水库水源地基础管理机构尽可能地向周边群众、供用水户等普及水源地保护管理专业知识,提升公众的水源保护意识。在这种相互的作用力下,有助于进一步促进水源地的保护与管理工作。

参 考 文 献

［1］ 王丽红,王开章,刘锋范,等.饮用水水源地安全的内涵、现状及对策[J].山东
　　 农业科学,2007(5):94-96.

［2］ 袁俊杰.城市饮用水源地保护研究——以山东省第二大水库云蒙湖为例[D].
　　 济南:山东财经大学,2016.

［3］ 王珮,谢崇宝,张国华,等.村镇饮用水水源地安全评价指标体系研究[J].中
　　 国农村水利水电,2014(11):139-142.

［4］ 苏琳.地下饮用水源地水环境健康风险评价[D].大连:辽宁师范大学,2015.

［5］ 杨朝晖.淮河流域城市供水安全及保障对策研究[J].治淮,2014(12):68-69.

［6］王锋.集中式饮用水水源地环境保护现状及对策探析[J].资源节约与环保,
　　 2016(6):238.

［7］ 田甜.水源地生态补偿法律制度研究[D].杨凌:西北农林科技大学,2009.

［8］ 王燕.水源地生态补偿理论与管理政策研究[D].泰安:山东农业大学,2011.

［9］ 张化楠,葛颜祥.我国水源地生态补偿标准核算方法研究[J].山东农业大学
　　 学报(社会科学版),2016(6):104-109.

［10］ 柴元冰.饮用水水源地安全综合评价体系的构建[J].安徽农业科学,2016,
　　 44(14):90-92.

［11］ 徐青.饮用水源地优先控制污染物筛选研究[D].扬州:扬州大学,2015.

［12］ 荣烨,肖婷婷.珠江饮用水源保护规划体系概述[J].人民珠江,2015,36(5):
　　 4-6.

［13］ 朱党生,郝芳华,郝伏勤,等.中国城市饮用水安全保障方略[M].北京:科学
　　 出版社,2008.

［14］《全国重要饮用水水源地安全保障评估指南》编制组.全国重要饮用水水源
　　 地安全保障评估指南[M].2015.

［15］ 陈吉宁,李广贺,王洪涛,等.流域面源污染控制技术[M].北京:中国环境科
　　 学出版社,2009.

［16］ 朱兆良,孙波,等.中国农村面源污染控制及环境保护[M].北京:化学工业
　　 出版社,2011.

［17］ 环境保护部.畜禽养殖业污染治理工程技术规范:HJ 497—2009[S].2009.

［18］陆桂华.张建华,马倩,等.太湖生态清淤及调水引流［M］.北京:科学出版社,2012.

［19］代影君,任崇.在线监测技术在供水水质监测方面的应用［J］.东北水利水电,2015,23(251):44-45.

［20］朱志勋,卓海华,臧小平.抗震救灾后对水质应急监测技术的思考［J］.人民长江,2008,39(22):43-45.

［21］黄廷林,丛海兵,柴蓓蓓.饮用水水源水质污染控制［M］.北京:中国建筑工业出版社,2009.

［22］金相灿.湖泊富营养化控制和管理技术［M］.北京:化学工业出版社,2001.

［23］林盛群,金腊华.水污染事件应急处理技术与决策［M］.北京:化学工业出版社,2008.

［24］刘建康.湖泊与水库富营养化防治的理论与实践［M］.北京:科学出版社,2003.

［25］朱亮.供水水源保护与微污染水体净化［M］.北京:化学工业出版社,2005.

［26］杨玉霞,马秀梅,闫莉.黄河流域(片)重要水源地达标建设对策措施研究［J］.水利发展研究,2017,17(2):34-37.

［27］陶红艳,魏巍.城镇饮用水水源地泥沙和面源污染控制［J］.安徽农学通报,2006,12(11):88-89.

［28］李佳,黄永庆.农村分散式畜禽养殖废水处理技术探索［J］.江西化工,2006(5):161-162.

［29］葛颜祥,梁丽娟,接玉梅.水源地生态补偿机制的构建与运行研究［J］.农业经济问题,2006(9):22-27.

［30］李文宇.北京密云水库水源涵养林对水质的影响研究［D］.北京:北京林业大学,2004.

［31］胡俊,杨玉霞,池仕运,等.邙山提灌站浮游植物群落结构空间变化对环境因子的响应［J］.生态学报,2017,37(3):1-9.

［32］王晓青,张杰.重庆市水源地污染治理及水生态修复工程实践与展望［C］//2016第八届全国河湖治理与水生态文明发展论坛论文集.2016:253-256.

［33］张俊.表流型人工湿地工程对微污染水源地水质改善的比较研究［J］.中国农村水利水电,2012(6):28-30.

［34］赵建,朱伟,赵联芳.人工湿地对城市污染河水的净化效果及机理［J］.湖泊科学,2007,19(1):32-38.

［35］崔丽娟,张曼胤,李伟,等.人工湿地处理富营养化水体的效果研究［J］.生态

环境学报,2010,19(9):2142-2148.

[36] 崔理华,楼倩,周显宏,等. 两种复合人工湿地系统对东莞运河污水的净化效果[J]. 生态环境学报,2009,18(5):1688-1692.

[37] 王琳. 岗南、黄壁庄水库及流域污染防治及生态修复[J]. 价值工程,2016:180-182.

[38] 谢建枝,张玉宝,邱颖,等. 水源地水质安全保障技术及在北方大型水源地的应用[J]. 中国水利,2015(1):11-13.

[39] 陈斌华,顾瑛杰. 水源地突发环境事件应急演练组织与实施[J]. 污染防治技术,2016,29(1):58-60.

附　录

附表 1　邙山提灌站水源地 2014 年调查浮游植物种类组成及分布

种类	S1	S2	S3	S4	S5	S6	S7
蓝藻门 Cyanophyta							
美丽隐球藻 *Aphanocapsa pulchra*				+			
银灰平裂藻 *Merismopedia glauca*			+	+	+	+	
水华微囊藻 *M. flos-aquae*		+	+	+	+	+	+
小席藻 *P. tenus*		+	+		+		+
螺旋鞘丝藻 *L. contarata*		+			+	+	
巨颤藻 *Oscillatoria princeps*			+				
两栖颤藻 *O. tenuis*	+	+	+		+	+	+
小颤藻 *O. tenuis*		+	+	+	+	+	
极大螺旋藻 *Spriulina maxima*		+					
固氮鱼腥藻 *Anabaena azotica*			+		+		
类颤藻鱼腥藻 *A. osicellariordes*				+	+		+
水华束丝藻 *Aphanizomenon flos-aquae*			+	+	+		+
金藻门 Chrysophyta							
分歧锥囊藻 *Dinobryon divergens*		+					+
硅藻门 Bacillariophyta							
颗粒直链藻最窄变种 *M. granulata* var. *angustissima*		+	+	+	+	+	+
螺旋颗粒直链藻 *M. granulata* var. *angustissima*				+	+	+	+
变异直链藻 *M. varians*	+	+	+	+	+	+	+

续附表 1

种类	S1	S2	S3	S4	S5	S6	S7
小环藻 Cyclotella sp.		+	+	+	+	+	+
冠盘藻 Stephanodiscus	+	+	+	+	+	+	+
窗格平板藻 Tabellaria fenestriata		+		+	+		
绒毛平板藻 T. flocculasa		+	+	+		+	
普通等片藻 Diatoma vulgare	+	+	+	+			
美丽星杆藻 Asterionella formosa		+	+	+	+	+	+
钝脆杆藻 Fragilaria capucina	+		+	+			
克洛脆杆藻 F. crotonensis			+	+	+		
尖针杆藻 Synedra acus	+	+	+	+	+	+	+
偏凸针杆藻 S. vaucheriae		+	+	+	+	+	
偏凸针杆藻小头变种 S. vaucheriae var. capitellata	+	+	+	+	+	+	+
尖布纹藻 Gyrosigma acuminatum			+			+	
细布纹藻 Gyrosigma kützingii	+	+	+	+			
彩虹长篦藻春季变型 N. iridis f. vernalis						+	
斜纹长篦藻椭圆变种 N. kozlowi var. elliptica						+	
卵圆双壁藻 D. ovalis						+	+
卵圆双壁藻长圆变种 D. ovalis var. oblongella			+		+		
双头辐节藻线形变种 S. ancps f. linearis			+	+	+	+	
矮小辐节藻 S. pygmaea				+	+		
双球舟形藻 Navicula amphibola					+		
卡里舟形藻 N. cari	+						+
系带舟形藻 N. cincta				+		+	

种类	S1	S2	S3	S4	S5	S6	S7
系带舟形藻细头变种 *N. cincta* var. *leptocephala*			+				
双头舟形藻 *N. dicephala*	+						
短小舟形藻 *N. exigua*		+	+	+	+	+	+
扁圆舟形藻 *N. placentula*	+						
喙头舟形藻 *N. rhynchocephala*		+					
狭轴舟形藻 *N. verecunda*				+			
微绿舟形藻 *N. viridula*	+	+	+	+			
卵圆双眉藻 *Amphora ovalis*							+
近缘桥弯藻 *Cymbella affinis*				+	+		
澳大利亚桥弯藻 *C. austriaca*				+			
胡斯特桥弯藻 *C. hustedtii*				+	+		
小桥弯藻 *C. laevis*	+			+			
极小桥弯藻 *C. perpusilla*				+			
膨胀桥弯藻 *C. tumida*	+		+	+	+		+
窄异极藻 *G. angustatum*	+			+			
微细异极藻 *G. parvulum*				+	+		
扁圆卵形藻多孔变种 *C. placentula* var. *euglypta*	+	+		+		+	+
弯曲真卵形藻 *Eucocconeis flexella*	+	+					
弯形弯楔藻 *Rhoicosphenia curvata*						+	
谷皮菱形藻 *Nitzschia palea*		+	+	+	+		+
椭圆波缘藻 *Cymatopleura elliptica*		+	+		+	+	
草鞋形波缘藻 *C. solea*	+			+			
窄双菱藻 *Surirella angustata*		+	+	+			

种类	S1	S2	S3	S4	S5	S6	S7
线形双菱藻 S. linearis						+	
卵形双菱藻 S. ovata	+		+				+
粗壮双菱藻纤细变种 S. robusta var. splendida			+	+	+		+
甲藻门 Dinophyta							
多甲藻 Peridinium sp.		+		+	+	+	+
角甲藻 Ceratium hirundinella	+	+	+	+	+	+	+
裸藻门 Euglenophyta							
膝曲裸藻 Euglena geniculata					+		+
尖尾裸藻 E. oxyuris		+					
三棱扁裸藻 P. triqueter					+		
长尾扁裸藻 P. longicauda		+					
绿藻门 Chlorophyta							
实球藻 Pandorina morum		+	+	+	+	+	
空球藻 Eudorina sp.		+		+	+		
拟菱形弓形藻 Schroederia nitzschioides	+	+	+	+	+	+	
硬弓形藻 S. robusta		+		+	+		
弓形藻 Schroederia setigera					+		+
膨胀四角藻 T. tumidulum				+	+		
针形纤维藻 Ankistrodesmus acicularis					+	+	
狭形纤维藻 A. angustus				+	+	+	+
镰形纤维藻奇异变种 A. falcatus var. mirabilis	+		+	+	+	+	+
浮球藻 Planktosphaeria gelotinosa							+
并联藻					+		

种类	S1	S2	S3	S4	S5	S6	S7
双射盘星藻 *P. biradiatum*		+	+	+	+	+	+
短棘盘星藻 *P. boryanum*		+	+	+	+	+	+
二角盘星藻 *P. duplx*			+	+	+	+	+
整齐盘星藻 *Pediastrum integrum*							+
单角盘星藻 *P. simplex*		+		+	+		+
单角盘星藻具孔变种 *P. simplex* var. *duodenarium*		+	+	+	+	+	+
盘星藻 *Pediastrum clathratum*	+	+	+	+	+	+	+
尖细栅藻 *S. acuminatus*					+	+	
弯曲栅藻 *S. arcuatus*		+	+	+	+		
四尾栅藻 *Scenedesmus quadricauda*		+	+	+	+	+	+
被甲栅藻 *Scenedesmus armatus*	+						
双对栅藻 *S. bijuga*	+	+	+	+	+	+	+
二形栅藻 *S. dimorphus*		+	+	+	+	+	
斜生栅藻 *S. obliquus*				+	+	+	
韦斯藻 *Westella botryoides*							+
四角十字藻 *Crucigenia quadrata*			+			+	+
集星藻 *Actinastrum hantzschii*		+		+	+	+	+
小空星藻 *Coelastrum microporum*			+	+	+	+	
纤细新月藻 *C. gracile*	+		+	+			
项圈新月藻 *C. moniliforum*		+					
美丽鼓藻 *Cosmarium formosulum*						+	
纤细角星鼓藻 *Staurastrum gracile*						+	
塞索角星鼓藻 *S. sonthalianum*		+	+	+	+	+	

附表2 邙山提灌站水源地2014年调查原生动物种类组成及分布

种类	S1	S2	S3	S4	S5	S6	S7
半圆表壳虫 *A. hemisphaerica*		+					
球砂壳虫 *Difflugia globulosa*			+				
橡子砂壳虫 *D. glans*	+		+	+	+	+	
针棘匣壳虫 *Centropyxis aculeata*			+				
无棘匣壳虫 *Centropyxis ecornis*		+	+				
压缩匣壳虫 *C. constricta*						+	
单环栉毛虫 *D. balbianii*				+			+
一种脾睨虫 *Askenasia* sp.							+
一种钟虫 *Vorticella* sp.						+	
浮游累枝虫 *Epistylis rotans*		+					
旋回侠盗虫 *Strobilidium gyrans*	+	+	+	+	+		+
小筒壳虫 *Tintinnidium pusillum*	+	+	+	+	+	+	+
淡水筒壳虫 *T. fluviatile*	+	+					
一种弹跳虫 *Halteria* sp.				+	+		+
东方似铃壳虫 *Tintinnopsis orientailis*			+	+		+	
湖沼似铃壳虫 *Tintinnopsis* sp.					+		
王氏似铃壳虫 *Tintinnopsis wangi*				+	+	+	
透明坛状曲颈虫 *Cyphoderia ampulla vitrrara*				+			
一种肾形虫 *Colpoda* sp.				+			

附表 3　邝山提灌站水源地 2014 年调查轮虫种类组成及分布

种类	S1	S2	S3	S4	S5	S6	S7
一种晶囊轮虫 *Asplanchna* sp.			+	+	+		+
萼花臂尾轮虫 *Brachionus califlorus*		+	+	+	+	+	
裂足臂尾轮虫 *B. diversicornis*		+					
角突臂尾轮虫 *Brachionus angularis*		+			+		+
剪形臂尾轮虫 *Brachionus forficula*					+	+	
蒲达臂尾轮虫 *B. budapestiensis*		+					
方形臂尾轮虫 *B. capsuliflorus*		+					+
壶状臂尾轮虫 *Brachionus urceus*		+					
螺形龟甲轮虫 *Keratella cochlearis*		+	+	+	+	+	+
曲腿龟甲轮虫 *Keratella valga*		+					
矩形龟甲轮虫 *Keratella quadrata*		+					+
钩状狭甲轮虫 *Colurella adriatica*				+			
大肚须足轮虫 *Euchlanis dilatata*		+					
一种水轮虫 *Epiphanes* sp.		+					+
小巨头轮虫 *Cephalodella exigna*			+				
凸背巨头轮虫 *Cephalodella gibba*			+				
罗氏异尾轮虫 *Trichocerca rousseleti*							+
暗小异尾轮虫 *Trichocerca pusilla*			+	+			+
一种疣毛轮虫 *Synchaeta* sp.		+		+	+		+
尖尾疣毛轮虫 *Synchaeta stylata*		+	+				
郝氏皱甲轮虫 *Ploesoma hudsoni*				+	+		
广生多肢轮虫 *Polyarthra vulgaris*		+	+	+	+	+	+
沟痕泡轮虫 *Pompholyx sulcata*			+	+		+	
一种巨腕轮虫 *Pedalla* sp.				+	+		
一种胶鞘轮虫 *Collotheca* sp.						+	

附表 4　邛山提灌站水源地 2014 年调查浮游甲壳动物组成及分布

种类	S1	S2	S3	S4	S5	S6	S7
长肢秀体溞 *Diaphanosoma leuchtenbergianum*		+	+	+	+		
兴凯秀体溞 *Diaphanosoma chankensis*		+	+	+	+		+
僧帽溞 *Daphnia cucullata*		+	+				
角突网纹溞 *Ceriodaphnia cornuta Sars*				+			
简弧象鼻溞 *Bosmina coregoni*					+	+	+
长额象鼻溞 *Bosmina longirostris*	+	+	+	+	+	+	
颈沟基合溞 *Bosminopsis deitersi*		+		+			
点滴尖额溞 *Alona guttata*			+		+		
小巧瘦猛水蚤 *Bryocamptus minutus*			+				+
汤匙华哲水蚤 *Sinocalanusdorrii*	+	+	+		+		
大尾真剑水蚤 *Eucyclops macruroides*			+				+
英勇剑水蚤 *Cyclops strenuus*	+	+		+	+	+	
拉达克剑水蚤 *Cyclops ladakanus*		+		+	+	+	
跨立小剑水蚤 *Microcyclops varicans*		+					
长节小剑水蚤 *Microcyclops longiarticulatus*					+		
广布中剑水蚤 *Mesocyclops leuckarti*					+	+	
北碚中剑水蚤 *Mesocyclops pehpeiensis*		+	+		+		
短尾温剑水蚤 *Thermocyclops brevifurcatus*				+	+	+	
无节幼体 *Nauplius*		+	+	+	+	+	+

附表 5　石头河水库水源地 2014 年调查浮游植物种类组成及分布

种类	S1	S2	S3	S4	S5	S6
蓝藻门 Cyanophyta						
两栖颤藻 *O. tenuis*		+	+			+
小颤藻 *O. tenuis*			+			
美丽颤藻 *O. formosa*		+				
硅藻门 *Bacillariophyta*						
颗粒直链藻最窄变种 *M. granulata* var. *angustissima*	+	+	+	+	+	+
螺旋颗粒直链藻 *M. granulata* var. *angustissima*	+	+	+		+	+
变异直链藻 *M. varians*	+	+	+	+	+	
小环藻 *Cyclotella* sp.	+	+	+	+	+	+
冠盘藻 *Stephanodiscus*		+		+		
窗格平板藻 *Tabellaria fenestriata*					+	+
绒毛平板藻 *T. flocculasa*	+		+			
普通等片藻 *Diatoma vulgare*			+	+		+
钝脆杆藻 *Fragilaria capucina*			+		+	+
克洛脆杆藻 *F. crotonensis*	+		+			
尖针杆藻 *Synedra acus*	+	+	+	+	+	+
偏凸针杆藻小头变种 *S. vaucheriae* var. *capitellata*	+	+		+	+	+
肘状针杆藻窄变种 *S. ulna* var. *contracta*						+
细布纹藻 *Gyrosigma kützingii*						+
双头辐节藻 *Stauroneis anceps*	+					
系带舟形藻 *N. cincta*	+					

续附表 5

种类	S1	S2	S3	S4	S5	S6
系带舟形藻细头变种 *N. cincta* var. *leptocephala*	+					
嗜盐舟形藻 *N. halophila*			+		+	
放射舟形藻 *N. radiosa*						+
喙头舟形藻 *N. rhynchocephala*				+		
罗泰舟形藻 *N. rotaeana*	+					
磨石形羽纹藻 *P. molaris*				+		
近缘桥弯藻 *Cymbella affinis*		+		+	+	+
埃伦桥弯藻 *C. ehrenbergii*						+
小桥弯藻 *C. laevis*		+	+		+	+
极小桥弯藻 *C. perpusilla*				+	+	
膨胀桥弯藻 *C. tumida*		+				+
偏肿桥弯藻 *C. ventricosa*						+
缢缩异极藻 *G. constrictum*					+	+
缢缩异极藻近椭圆变种				+		
中间异极藻 *G. intricatum*						+
微细异极藻 *G. parvulum*				+		+
微细异极藻近椭圆变种 *G. parvulum* var. *subelliptica*	+					
扁圆卵形藻多孔变种 *C. placentula* var. *euglypta*			+		+	+
谷皮菱形藻 *Nitzschia palea*				+		
线形双菱藻 *S. linearis*					+	
粗壮双菱藻纤细变种 *S. robusta* var. *splendida*						+

种类	S1	S2	S3	S4	S5	S6
隐藻门 Cryptophyta						
卵形隐藻 *Cryptomonas ovata*	+	+	+	+	+	+
啮蚀隐藻 *Cryptomonas erosa*	+	+	+	+	+	+
甲藻门 Dinophyta						
多甲藻 *Peridinium* sp.		+		+	+	+
角甲藻 *Ceratium hirundinella*	+	+	+	+	+	+
裸藻门 Euglenophyta						
绿色裸藻 *Euglena viridis*	+	+	+	+	+	+
膝曲裸藻 *Euglena geniculata*	+	+	+	+	+	+
三星裸藻 *E. tristella*	+	+	+			
密盘裸藻 *E. wangii*		+	+		+	
刺鱼状裸藻 *E. gasterosteus*	+					
近轴裸藻 *E. proxima*		+	+	+	+	+
尾裸藻 *E. caudata*	+					
易变裸藻		+	+			
绿藻门 Chlorophyta						
镰形纤维藻奇异变种 *A. falcatus* var. *mirabilis*		+				
并联藻		+				
集星藻 *Actinastrum hantzschii*			+			
一种丝藻 *Ulothrix* sp.	+	+	+	+	+	+
一种水绵 *Spirogyra* sp.					+	
纤细新月藻 *C. gracile*						+
塞索角星鼓藻 *S. sonthalianum*				+		

附表 6　石头河水库水源地 2014 年调查原生动物种类组成及分布

种类	S1	S2	S3	S4	S5	S6
简裸口虫 *Holophrya simplex*			+	+	+	
腔裸口虫 *Holophrya atra*				+		
吻单环栉毛虫 *D. balbianii rostratum*				+	+	+
小环栉毛虫 *Didinium balbianii nanum*				+		
双环栉毛虫 *Didinium nasutum*			+	+	+	
一种脾睨虫 *Askenasia* sp.	+	+	+	+	+	
纺锤斜吻虫 *Enchelydium fusidens*	+		+			
一种球吸管虫 *Sphaerophrya* sp.			+			
一种睫杵虫 *Ophryolena* sp.				+		+
一种肾形虫 *Colpoda* sp.	+		+			
一种弹跳虫 *Halteria* sp.	+		+	+		
一种膜袋虫 *Cyclidium* sp.				+	+	
一种钟虫 *Vorticella* sp.	+	+	+	+		
旋回侠盗虫 *Strobilidium gyrans*	+	+	+	+	+	+
陀螺侠盗虫 *Strobilidium velox*	+		+	+	+	
一种尖尾虫 *Oxytricha* sp.				+		
小筒壳虫 *Tintinnidium pusillum*	+	+	+	+	+	+
淡水筒壳虫 *T. fluviatile*	+		+	+	+	+

附表 7　石头河水库水源地 2014 年调查轮虫种类组成及分布

种类	S1	S2	S3	S4	S5	S6
月形腔轮虫 *Lecane luna*				+		
钝齿腔轮虫 *Lecane crenata*	+		+	+		
真胫腔轮虫 *Lecane curarsa*	+					
一种晶囊轮虫 *Asplanchna* sp.			+			
螺形龟甲轮虫 *Keratella cochlearis*			+			
唇形叶轮虫 *Notholca labis*		+	+	+	+	
裂痕龟纹轮虫 *Anuraeopsis fissa*			+			
盘状鞍甲轮虫 *Lepadella patella*		+				
大肚须足轮虫 *Euchlanis dilatata*				+	+	+
一种水轮虫 *Epiphanes* sp.		+				
凸背巨头轮虫 *Cephalodella gibba*			+			+
圆筒异尾轮虫 *Trichocerca ylindrica*						+
一种疣毛轮虫 *Synchaeta* sp.	+	+	+	+	+	
郝氏皱甲轮虫 *Ploesoma hudsoni*					+	
广生多肢轮虫 *Polyarthra vulgaris*	+	+	+	+	+	+
一种聚花轮虫 *Conochilus* sp.				+		

附表 8　石头河水库水源地 2014 年调查浮游甲壳动物种类组成及分布

种类	S1	S2	S3	S4	S5	S6
僧帽溞 *Daphnia cucullata*		+	+	+		+
简弧象鼻溞 *Bosmina coregoni*		+		+		
小型锐额溞 *Alonella exigua*					+	
火腿许水蚤 *Schmackeria poplesia*	+	+	+	+	+	+
右突新镖水蚤 *Neodiaptomus schmackeri*				+	+	
英勇剑水蚤 *Cyclops strenuus*	+					
拉达克剑水蚤 *Cyclops ladakanus*			+		+	
广布中剑水蚤 *Mesocyclops leuckarti*				+		+
桡足类无节幼体 *Nauplius*	+	+	+	+	+	+

附表9 邙山提灌站水源地 2015 年调查浮游植物种类组成及分布

种类	ZS1	ZS2	ZS3	ZS4
蓝藻门 Cyanophyta				
美丽隐球藻 *Aphanocapsa pulchra*		+	+	
巨颤藻 *Oscillatoria princeps*	+			
两栖颤藻 *O. tenuis*	+	+	+	+
小颤藻 *O. tenuis*			+	
泥污颤藻 *O. limosa*	+		+	
鞘丝藻 *Lyngbya* sp.	+			
螺旋鞘丝藻 *L. contarata*			+	+
水华微囊藻 *M. flos-aquae*		+	+	
微小平裂藻 *Merismopedia tenuissima*			+	+
金藻门 Chrysophyta				
分歧锥囊藻 *Dinobryon divergens*	+	+	+	+
硅藻门 Bacillariophyta				
颗粒直链藻最窄变种 *M. granulata* var. *angustissima*	+	+	+	+
变异直链藻 *M. varians*	+	+	+	+
小环藻 *Cyclotella* sp.	+	+	+	+
绒毛平板藻 *T. flocculasa*			+	
窗格平板藻 *Tabellaria fenestriata*	+		+	+
普通等片藻 *Diatoma vulgare*	+		+	+
美丽星杆藻 *Asterionella formosa*	+	+	+	+
弧形峨嵋藻直变种 *C. arcus* var. *recta*				
钝脆杆藻 *Fragilaria capucina*	+	+	+	+
克洛脆杆藻 *F. crotonensis*	+	+	+	+
连结脆杆藻凸腹变种 *Fragilaria construens*			+	
尖针杆藻 *Synedra acus*	+	+		+
偏凸针杆藻小头变种 *S. vaucheriae* var. *capitellata*	+	+	+	+

续附表 9

种类	ZS1	ZS2	ZS3	ZS4
细布纹藻 *Gyrosigma kützingii*	+			
近缘桥弯藻 *Cymbella affinis*		+	+	
胡斯特桥弯藻 *C. hustedtii*	+	+	+	+
锐新月藻 *Closterium acerosum*		+		
披针新月藻 *C. lanceloforum*		+		
项圈新月藻 *C. moniliforum*		+	+	+
普里新月藻 *C. pritchardianum*	+		+	+
窄异极藻 *G. angustatum*	+			+
短纹异极藻 *Gomphonema abbreviatum*		+	+	+
中间异极藻 *G. intricatum*		+		+
橄榄异极藻 *Gomphonema olivaceum*				+
微细异极藻 *G. parvulum*				+
扁圆卵形藻多孔变种 *C. placentula* var. *euglypta*	+	+		+
线形双菱藻 *N. linearis*		+		+
谷皮菱形藻 *Nitzschia palea*	+	+	+	+
菱形藻 *Nitzschia* sp.	+	+	+	+
埃伦桥弯藻 *C. ehrenbergii*		+		
粗壮双菱藻 *Surirella robusta*			+	
粗壮双菱藻纤细变种 *S. robusta* var. *splendida*			+	+
双球舟形藻 *Navicula amphibola*			+	
短小舟形藻 *N. exigua*		+	+	+
系带舟形藻 *N. cincta*				+
系带舟形藻细头变种 *N. cincta* var. *leptocephala*				+
微绿舟形藻 *N. viridula*				+
草鞋形波缘藻 *C. solea*	+	+	+	+
卵圆双壁藻 *D. ovalis*				+
卵圆双壁藻长圆变种 *D. ovalis* var. *oblongella*				+

种类	ZS1	ZS2	ZS3	ZS4
卵圆双眉藻 *Amphora ovalis*			+	
双头辐节藻 *Stauroneis anceps*		+	+	+
双头辐节藻线形变种 *S. ancps* f. *linearis*			+	
舒曼美壁藻 *Caloneis schumanniana*			+	
椭圆波缘藻 *Cymatopleura elliptica*				+
弯形弯楔藻 *Rhoicosphenia curvata*				+
斜纹长篦藻 *N. kozolowi*			+	
甲藻门 Dinophyta				
多甲藻 *Peridinium* sp.		+	+	+
裸藻门 Euglenophyta				
刺鱼状裸藻 *E. gasterosteus*		+		
膝曲裸藻 *Euglena geniculata*			+	+
绿藻门 Chlorophyta				
矮小辐节藻 *S. pygmaea*			+	
空球藻 *Eudorina* sp.	+	+	+	+
双对栅藻 *S. bijuga*		+		+
爪哇栅藻 *S. javaensis*		+		
四尾栅藻 *Scenedesmus quadricauda*	+	+	+	+
二形栅藻 *S. dimorphus*	+	+	+	+
盘星藻 *Pediastrum clathratum*			+	
双射盘星藻 *P. biradiatum*	+	+	+	+
单角盘星藻 *P. simplex*		+	+	
单角盘星藻具孔变种 *P. simplex* var. *duodenarium*	+	+	+	+
短棘盘星藻 *P. boryanum*	+	+	+	+
二角盘星藻纤细变种 *P. duplex* var. *gracillimum*		+	+	
镰形纤维藻奇异变种 *A. falcatus* var. *mirabilis*		+	+	+

浮游植物种类	ZS1	ZS2	ZS3	ZS4
狭形纤维藻 *A. angustus*		+	+	+
针形纤维藻 *Ankistrodesmus acicularis*		+	+	+
弓形藻 *Schroederia setigera*				+
湖生小椿藻 *Characium limneticum*				+
集星藻 *Actinastrum hantzschii*	+	+	+	+
实球藻 *Pandorina morum*		+	+	
微芒藻 *Microactinium pusillum*		+	+	+
小丛藻 *Microthamnion kuetzingianum*	+			
小空星藻 *Coelastrum microporum*		+		

附表 10　邙山提灌站水源地 2015 年调查原生动物种类组成及分布

种类	ZS1	ZS2	ZS3	ZS4
针棘匣壳虫 *Centropyxis aculeata*	+		+	
无棘匣壳虫 *Centropyxis ecornis*	+			
单环栉毛虫 *D. balbianii*		+		
一种睫杵虫 *Ophryolena* sp.			+	
一种膜袋虫 *Cyclidium* sp.				+
一种钟虫 *Vorticella* sp.			+	
浮游累枝虫 *Epistylis rotans*		+		
旋回侠盗虫 *Strobilidium gyrans*		+	+	+
小筒壳虫 *Tintinnidium pusillum*	+	+	+	+
淡水筒壳虫 *T. fluviatile*	+		+	
王氏似铃壳虫 *Tintinnopsis wangi*		+	+	
一种弹跳虫 *Halteria* sp.			+	+

附表 11　邝山提灌站水源地 2015 年调查轮虫种类组成及分布

种类	ZS1	ZS2	ZS3	ZS4
一种晶囊轮虫 *Asplanchna* sp.		+	+	+
萼花臂尾轮虫 *Brachionus califlorus*	+	+	+	+
裂足臂尾轮虫 *B. diversicornis*			+	
角突臂尾轮虫 *Brachionus angularis*	+	+	+	+
蒲达臂尾轮虫 *B. budapestiensis*		+		
螺形龟甲轮虫 *Keratella cochlearis*		+	+	+
大肚须足轮虫 *Euchlanis dilatata*			+	
田奈异尾轮虫 *Trichocerca dixon-nuttalli*			+	
一种疣毛轮虫 *Synchaeta* sp.		+	+	+
广生多肢轮虫 *Polyarthra vulgaris*	+	+	+	+
顶生三肢轮虫 *Filinia terminalis*		+		
独角聚花轮虫 *Conochilus unicornis*			+	

附表 12　邝山提灌站水源地 2015 年调查浮游甲壳动物种类组成及分布

种类	ZS1	ZS2	ZS3	ZS4
长肢秀体溞 *Diaphanosoma leuchtenbergianum*		+		
僧帽溞 *Daphnia cucullata*	+			+
长额象鼻溞 *Bosmina longirostris*		+	+	
棘突靴尾溞 *Dunhevedia crassa*		+		
兴凯裸腹溞 *Moina chankensis*	+	+	+	
点滴尖额溞 *Alona guttata*		+		+
方形尖额溞 *Alona quadrangularis*			+	
圆形盘肠溞 *Chydorus sphaericus*	+		+	

续附表 12

种类	ZS1	ZS2	ZS3	ZS4
长日华哲水蚤 *Sinocalanus solstitialis*			+	+
灯泡许水蚤 *Schmackeria bulbosa*				+
右突新镖水蚤 *Neodiaptomus schmackeri*			+	
大尾真剑水蚤 *Eucyclops macruroides*	+	+	+	+
英勇剑水蚤 *Cyclops strenuus*		+		
长节小剑水蚤 *Microcyclops longiarticulatus*	+	+	+	
等形小剑水蚤 *Microcyclops subaequalis*	+			
广布中剑水蚤 *Mesocyclops leuckarti*	+	+	+	
无节幼体 *Nauplius*	+	+	+	+

附表 13　石头河水库水源地 2015 年调查浮游植物种类组成及分布

种类	SS1	SS2	SS3
蓝藻门 Cyanophyta			
巨颤藻 *Oscillatoria princeps*		+	
小颤藻 *O. tenuis*		+	+
硅藻门 Bacillariophyta			
颗粒直链藻最窄变种 *M. granulata* var. *angustissima*	+	+	+
变异直链藻 *M. varians*	+	+	+
小环藻 *Cyclotella* sp.	+	+	+
窗格平板藻 *Tabellaria fenestriata*	+	+	+
普通等片藻 *Diatoma vulgare*		+	+
弧形峨嵋藻直变种 *C. arcus* var. *recta*			+

种类	SS1	SS2	SS3
钝脆杆藻 *Fragilaria capucina*	+		
尖针杆藻 *Synedra acus*	+	+	+
偏凸针杆藻小头变种 *S. vaucheriae* var. *capitellata*	+	+	+
卵圆双壁藻 *D. ovalis*			+
美丽双壁藻 *D. puella*	+		
双头辐节藻 *Stauroneis anceps*	+	+	
矮小辐节藻 *S. pygmaea*		+	+
卡里舟形藻 *N. cari*	+		
系带舟形藻 *N. cincta*	+	+	+
系带舟形藻细头变种 *N. cincta* var. *leptocephala*		+	+
隐头舟形藻 *N. crytocephala*	+	+	+
短小舟形藻 *N. exigua*	+	+	+
线形舟形藻 *N. graciloides*	+		
嗜盐舟形藻 *N. halophila*	+	+	+
凸出舟形藻 *N. protracta*	+	+	+
近小头羽纹藻 *Pinnularia subcapitata*		+	+
近缘桥弯藻 *Cymbella affinis*	+	+	+
新月形桥弯藻 *C. cymbiformis*		+	
纤细桥弯藻 *C. gracilis*		+	+
胡斯特桥弯藻 *C. hustedtii*	+	+	+
小桥弯藻 *C. laevis*	+	+	+
极小桥弯藻 *C. perpusilla*	+	+	+
扁圆卵形藻多孔变种 *C. placentula* var. *euglypta*	+		

种类	SS1	SS2	SS3
膨胀桥弯藻 *C. tumida*		+	
偏肿桥弯藻 *C. ventricosa*		+	+
短纹异极藻 *Gomphonema abbreviatum*			+
窄异极藻 *G. angustatum*			+
纤细异极藻 *G. gracile*		+	
中间异极藻 *G. intricatum*		+	+
微细异极藻近椭圆变种 *G. parvulum* var. *subelliptica*		+	+
谷皮菱形藻 *Nitzschia palea*	+	+	+
池生菱形藻 *N. stagnorum*	+	+	+
隐藻门 Cryptophyta			
卵形隐藻 *Cryptomonas ovata*	+	+	+
啮蚀隐藻 *Cryptomonas erosa*	+	+	+
尖尾蓝隐藻 *Chroomonas acuta*	+	+	+
甲藻门 Pyrrophyta			
多甲藻 *Peridinium* sp.	+	+	+
角甲藻 *Ceratium hirundinella*	+	+	+
绿藻门 Chlorophyta			
针形纤维藻 *Ankistrodesmus acicularis*	+		+
狭形纤维藻 *A. angustus*	+	+	+
镰形纤维藻奇异变种 *A. falcatus* var. *mirabilis*	+	+	+
肾形藻 *Nephrocytium agardhianum*	+		
双对栅藻 *S. bijuga*	+	+	+
斜生栅藻 *S. obliquus*	+		
项圈新月藻 *C. moniliforum*	+		
扁鼓藻 *Cosmarium depressum*	+	+	

附表 14　石头河水库水源地 2015 年调查原生动物种类组成及分布

种类	SS1	SS2	SS3
珊瑚囊变形虫 *Saccamoeba gongornia*		+	
针棘匣壳虫 *Centropyxis aculeata*		+	
一种鳞壳虫 *Euglypha* sp.		+	
简裸口虫 *Holophrya simplex*	+	+	+
腔裸口虫 *Holophrya atra*	+		
天鹅长吻虫 *Lacrymaria olor*		+	+
纺锤斜吻虫 *Enchelydium fusidens*		+	
吻单环栉毛虫 *D. balbianii rostratum*	+		
双环栉毛虫 *Didinium nasutum*	+	+	
一种脾睨虫 *Askenasia* sp.	+	+	+
蚤中缢虫 *Mesodinium pulex*	+	+	
一种球吸管虫 *Sphaerophrya* sp.	+		
一种睫杵虫 *Ophryolena* sp.	+		
一种膜袋虫 *Cyclidium* sp.	+	+	+
浮游累枝虫 *Epistylis rotans*	+		
旋回侠盗虫 *Strobilidium gyrans*	+	+	+
陀螺侠盗虫 *Strobilidium velox*	+	+	
小筒壳虫 *Tintinnidium pusillum*	+	+	+
淡水筒壳虫 *T. fluviatile*	+	+	+
一种弹跳虫 *Halteria* sp.	+	+	+
小旋口虫 *Spirostomum minus*		+	+

附表 15　石头河水库水源地 2015 年调查轮虫种类组成及分布

种类	SS1	SS2	SS3
一种旋轮虫 *Philodina* sp.			+
一种晶囊轮虫 *Asplanchna* sp.			+
螺形龟甲轮虫 *Keratella cochlearis*		+	+
四角平甲轮虫 *Platyias ehrenberg*			+
小巨头轮虫 *Cephalodella exigna*			+
凸背巨头轮虫 *Cephalodella gibba*			+
暗小异尾轮虫 *Trichocerca pusilla*	+	+	+
一种疣毛轮虫 *Synchaeta* sp.	+	+	+
广生多肢轮虫 *Polyarthra vulgaris*	+	+	+
真翅多肢轮虫 *Polyarthra euryptera*	+	+	+
独角聚花轮虫 *Conochilus unicornis*		+	
爱德里亚狭甲轮虫 *Colurella adriatic*			+

附表 16　石头河水库水源地 2015 年调查浮游甲壳动物种类组成及分布

种类	SS1	SS2	SS3
僧帽溞 *Daphnia cucullata*		+	+
简弧象鼻溞 *Bosmina coregoni*		+	
小型锐额溞 *Alonella exigua*			
火腿许水蚤 *Schmackeria poplesia*	+	+	+
右突新镖水蚤 *Neodiaptomus schmackeri*			
英勇剑水蚤 *Cyclops strenuus*	+		
拉达克剑水蚤 *Cyclops ladakanus*			+
广布中剑水蚤 *Mesocyclops leuckarti*			
桡足类无节幼体 *Nauplius*	+	+	+

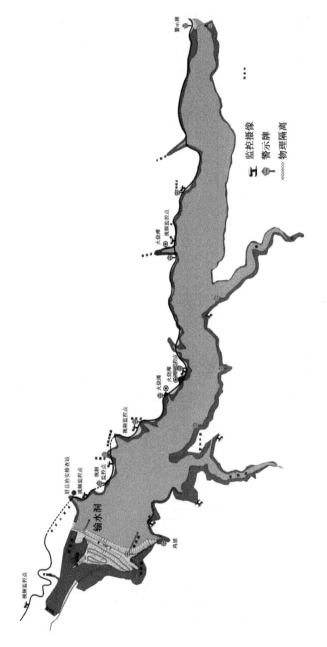

附图 1　石头河水库水源地实施工程分布示意图

监控摄像
警示牌
物理隔离

视频监控点
火烧滩
视频监控点
火烧滩
视频监控点
视频监控点
视频监控点
眉县治安检查站
视频监控点
视频监控点
输水洞
视频监控点
鸡坡
警示牌

· 196 ·

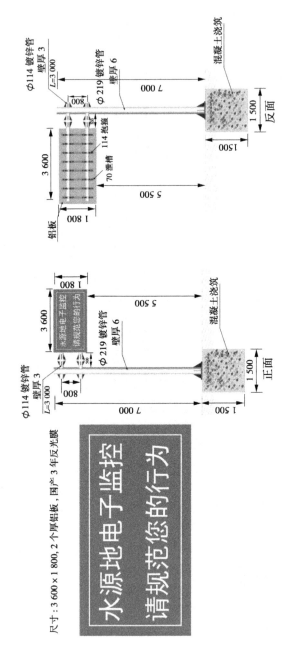

附图 2　石头河水库水源地公路警示牌平面图　（单位：mm）

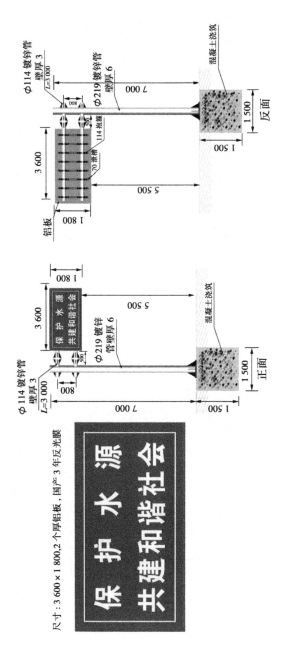

附图3 石头河水库水源地宣传警示牌平面图 （单位：mm）

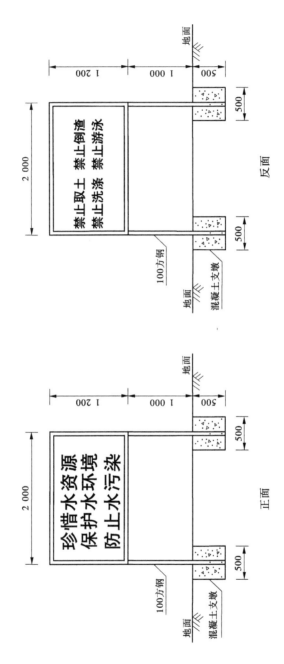

附图 4　石头河水库水源地宣传警示牌设计效果图　（单位：mm）

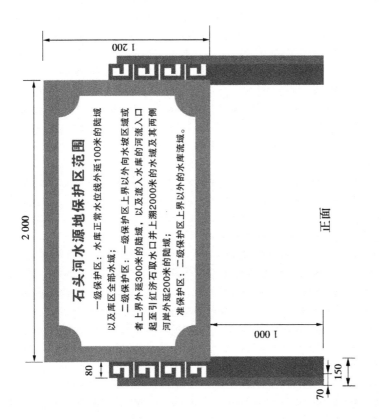

石头河水源地保护区范围

一级保护区：水库正常水位线外延100米的陆域以及库区全部水域；

二级保护区：一级保护区上界以外向水坡区域或者上界外延300米的陆域，以及流入水库的河流入口起至引红济石取水口并上溯2000米的水域及其两侧河岸外延200米的陆域；

准保护区：二级保护区上界以外的水库流域。

正面

附图5　石头河水库水源地物理防护网平面图　（单位：mm）

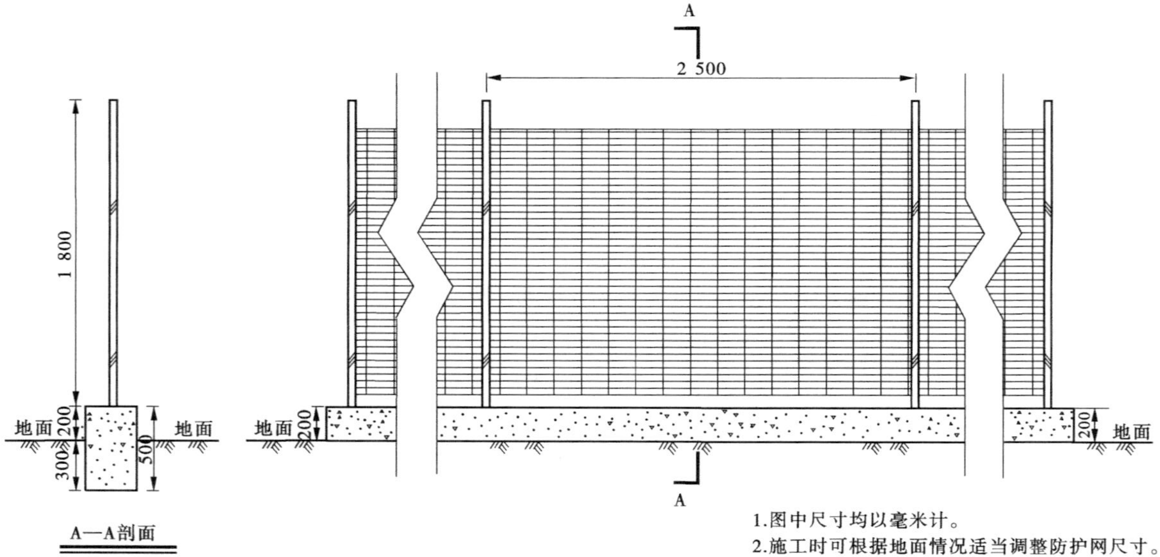

附图 6　石头河水库水源地公路防护网　（单位：mm）

1. 图中尺寸均以毫米计。
2. 施工时可根据地面情况适当调整防护网尺寸。

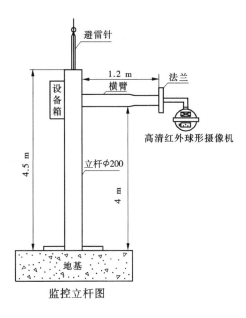

避雷针

1.2 m
横臂
法兰

设备箱

高清红外球形摄像机

4.5 m

立杆φ200

4 m

地基

监控立杆图

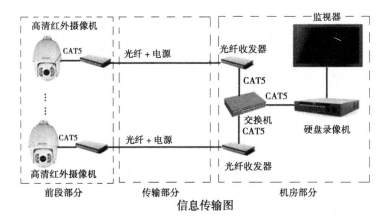

信息传输图

附图7 石头河水库水源地监控立杆及信息传输图

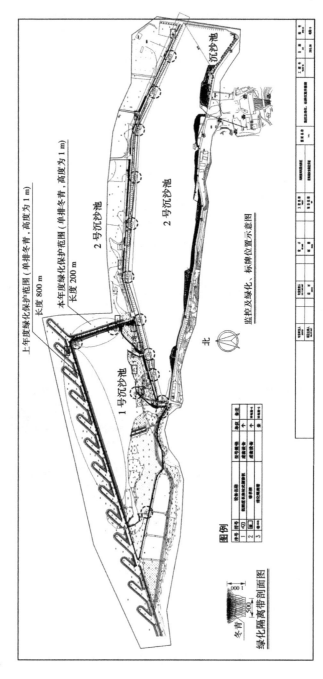

附图 8 邙山提灌站水源地实施工程分布示意图